U0382155

郑祥福 章秀英 主编

中国特色社会主义理论在浙江的实践

生态建设篇

周志山　孙定建　向德彩◎著

中国社会科学出版社

图书在版编目（CIP）数据

中国特色社会主义理论在浙江的实践．生态建设篇/周志山，孙定建，向德彩著．—北京：中国社会科学出版社，2018.12

（浙江师范大学马克思主义研究文库）

ISBN 978－7－5203－3826－4

Ⅰ．①中…　Ⅱ．①周…②孙…③向…　Ⅲ．①社会主义建设—研究—浙江②生态环境建设—研究—浙江　Ⅳ．①D675.5②X321.255

中国版本图书馆 CIP 数据核字（2018）第 289171 号

出 版 人　赵剑英
责任编辑　喻　苗
责任校对　胡新芳
责任印制　王　超

出　　版　中国社会科学出版社
社　　址　北京鼓楼西大街甲 158 号
邮　　编　100720
网　　址　http://www.csspw.cn
发 行 部　010－84083685
门 市 部　010－84029450
经　　销　新华书店及其他书店

印　　刷　北京明恒达印务有限公司
装　　订　廊坊市广阳区广增装订厂
版　　次　2018 年 12 月第 1 版
印　　次　2018 年 12 月第 1 次印刷

开　　本　710×1000　1/16
印　　张　13
字　　数　207 千字
定　　价　56.00 元

凡购买中国社会科学出版社图书，如有质量问题请与本社营销中心联系调换
电话：010－84083683

总　序

2018年，是我国改革开放的第40个年头。40年来，浙江一直被看作改革开放的前沿桥头堡，无论在政治、经济、文化、社会、生态等各领域，还是在民生等方面，都取得了显著的成就。在政治上，浙江努力践行中国特色社会主义理论，坚持总书记在浙江时的“八八战略”、“法制浙江”、“平安浙江”、“文化浙江”、“两富浙江”等战略方针，干在实处，勇立潮头，敢为人先。40年来，浙江全面确立市场经济地位，从依赖农民工人口红利到智能制造的转型，发展外向型经济，2018年全省GDP总量达到5万多亿（人民币），人均收入在全国名列前茅，真正做到了富可敌国。浙商遍及全球，“浙江人”成为创业、勤劳致富的代名词。近年来，浙江在中国特色社会主义理论的指引下，在省委省政府的带领下，主动开展“五水共治”，大打环境保卫战，让天空变得更蓝，让河水变得更清，让新农村变得更加亮丽。杭州、宁波等城市成为全国十大最有竞争力、最适宜于居住的城市。杭州的高科技、宁波的制衣与电器、台州的制造业、义乌和温州的商贸等等，创造了名震全国的现代经济发展新典范。全面开展新农村建设、特色小镇建设，开展生态县，使绿水青山真正变成了金山银山。如今的浙江农村风貌堪比西欧的乡村，正成为城市人休闲之好去处。县县通高速，市市有高铁，家家有小车，人人住洋房。中国特色社会主义理论在浙江的实践取得了丰硕的成果。

为反映浙江改革开放40年的成就，浙江师范大学马克思主义学院组织编写了“中国特色社会主义理论在浙江的实践”系列丛书，分别从浙江的社会治理、工业强省、科技强省、智能制造转型、特色经济、新农村发展、生态建设、城镇化建设、特色小镇建设、农村文化礼堂、基层党组织建设、平安浙江、海上浙江等领域，分期分批地以讲故事的形式讲述改革开放以来浙江的变化与发展，向国内外展示浙江改革开放取得的成就。中共金华市委宣传部的领导也十分关心本丛书的编写，从 2018 年开始，与我们共建马克思主义学院，支持浙江师大马克思主义学科的建设。在此，对各级关心我们学科建设的领导、同仁表示衷心的感谢！

由于我们自身研究水平的限制，以及长期来深居高校不熟悉社会的制约，在编写本丛的过程中一定存在许多不足，冀希大家不吝指教，多提宝贵建议、意见。

浙江师范大学马克思主义学院教授、
中共金华市委宣传部特邀研究员
郑祥福　章秀英

前　言

如果从 1978 年开始算起，中国近 40 年的经济高速增长铸就了世界第二大经济共同体的“中国奇迹”。但我们知道，中国的经济社会发展是一种压缩式的发展，这种压缩式发展使得一系列的矛盾和问题交织叠加。其中，一个突出的矛盾和问题就是生态环境问题，即由高投入、高消耗、高污染的传统发展模式导致的生态环境问题。这一问题，使得资源环境承载力逼近极限，使得我们生活在其中的自然环境急剧恶化，并日益成为影响人们生活质量，甚至老百姓身心健康的心头之患。与此同时，随着物质生活水平的提高，人民群众对清新的空气、干净的饮用水、安全的食品、优美的环境等方面的呼声越来越强烈。

民有所呼，党有所应。中国特色社会主义进入新时代，我们社会的主要矛盾已经转化为人民日益增长的美好生活需要和不平衡不充分的发展之间的矛盾。作为人民群众美好生活需要的重要组成部分，正是对优美生态环境，对美丽中国、美丽家园的一种需要甚至渴望。与十八大报告相比，党的十九大报告在部署新时代中国特色社会主义的总任务中增加了“美丽”二字，指出在 21 世纪中叶要把我国建成富强、民主、文明、和谐、美丽的社会主义现代化强国，并将“坚持新发展理念”“坚持人与自然和谐共生”作为新时代中国特色社会主义基本方略的重要组成部分。十九大报告在总结过去五年的工作成效时认为，生态文明建设成效显著，我们已经成为全球生态文明建设的重要参与者、贡献者、引领者。十九大报告还专设了一个部分，阐述“加快生态文明体制改革，建设美丽中国”，认为“建设生态文明是中华民族永续发展的千年大计……像对待生命一样对待生态环境……坚定走生产发展、生活富裕、生态良好的文明发展道路，建设美丽中国”。显然，十九大报告对绿色发展和生态文明建设的重视已经上升到了事关民族和国家前途命运的高度。

浙江省委、省政府审时度势，在建设“绿色浙江—生态浙江—美丽浙江”的历史进程中，坚持科学发展观和生态文明观，特别是省第十三次党代会以来，在打造“两美浙江”、建设生态省方面提供了丰富的实践素材和研究样本，探索出了一条具有独特“浙江经验”的新路。总结并推广生态文明建设的“浙江经验”，对于进一步加强浙江省乃至全国的生态文明建设，使之真正成为生态文明建设的重要参与者、贡献者、引领者，实现中华民族的伟大复兴有着重要的理论意义和实践意义。鉴于此，由浙江师范大学马克思主义学院教师与研究生组织撰写了“中国特色社会主义理论在浙江的实践系列丛书”之“生态篇”。实际上，近年来国内学界特别是浙江学界已有不少关于生态文明建设“浙江经验”的总结和研究成果问世，发表出版了相当数量和质量的论文论著和各类报刊报道，本书正是在这些成果的基础上编撰而成。

本书按照理念篇、实践篇、经验篇的逻辑顺序编撰而成。其中，第一章为理念篇，从生态文明形态、可持续发展观和生态文明创新理念等三个方面，为生态文明建设实践提供理论支持。第二、三、四章为实践篇，分别从三个方面，即生态战略与生态制度建设、生态经济与生态文化、生态环境与生态人居建设，阐述浙江生态文明建设的举措及其成效。第五章为经验篇，也从三个角度，即多元主体共治：政府、企业、社会共治的协同治理；多重领域共赢：环境、经济与社会的协调发展；多项机制保障：教育、法治、政策、技术、体制协同运作，对浙江省生态文明建设的经验进行了总结和提炼。

本书是一个集体成果，由周志山、孙定建、向德才三位教师作为指导，由六位研究生周洁、李志强、冯淇、代倬凡、赵亚星、马龙执笔，最后由周志山教授定稿。各章节具体分工如下：

引言由周志山撰写；

第一章指导教师孙定建、执笔周洁；

第二章指导教师向德才、执笔李志强；

第三章指导教师向德才、执笔冯淇；

第四章指导教师向德才、执笔代倬凡；

第五章指导教师周志山、执笔赵亚星、马龙；

全书由周志山撰写提纲，并最终统稿。

限于研究水平、研究时间等，本书尚存在一些不足之处，恳请各位专家学者及广大读者批评指正。

周志山

2017 年 12 月于浙江师范大学

目　录

理　念　篇

实　践　篇

经　验　篇

理 念 篇

第一章　生态文明与生态文明建设

“生态兴则文明兴，生态衰则文明衰。”建设生态文明，是关系人民福祉、关乎民族未来的长远大计，生态文明建设是我国今后经济社会发展与建设的重要方向和重大任务之一。关于生态文明建设的重要性，我们可以从党的一些重要文献中解读出来。早在党的十七大报告中就提出，要“建设生态文明，基本形成节约能源资源和保护生态环境的产业结构、增长方式、消费模式”。倡导生态文明建设，不仅对中国自身发展有深远影响，也是中华民族面对全球日益严峻的生态环境问题作出的庄严承诺。十八大报告又明确提出“大力推进生态文明建设”，要求“坚持节约资源和保护环境的基本国策……着力推进绿色发展、循环发展、低碳发展，形成节约资源和保护环境的空间格局、产业结构、生产方式、生活方式，从源头上扭转生态环境恶化趋势，为人民创造良好生产生活环境，为全球生态安全作出贡献”。十九大报告中，习近平总书记更是提出了“加快生态文明体制改革，建设美丽中国”的新要求，认为“建设生态文明是中华民族永续发展的千年大计。必须树立和践行绿水青山就是金山银山的理念，坚持节约资源和保护环境的基本国策，像对待生命一样对待生态环境……实行最严格的生态环境保护制度，形成绿色发展方式和生活方式，坚定走生产发展、生活富裕、生态良好的文明发展道路，建设美丽中国，为人民创造良好生产生活环境，为全球生态安全作出贡献”。可以说，中国正在努力探索一条超越传统增长模式的绿色发展道路。本章作为理念篇，主要从三个方面对此进行阐述：生态文明——一种永续发展的文明形态；可持续发展——生态文明发展的新形式；生态文明建设——可持续发展的创新实践。

第一节 生态文明：一种永续发展的文明形态

生态文明的内涵具有丰富性、多义性，学者们的看法也众说各异，但大多数都认为生态文明是人类社会一种进步理念，是人类文明发展的一种高级形态，其内涵十分丰富，既可包括生态文明的观念意识，也可包括生态文明体制或制度，同时也可指称人类的生态文明行为方式或生活方式等。与我国长期以来所倡导的环境保护、循环经济、生态农业等概念相比，生态文明对于人类社会的物质、精神文明生产的重塑具有更鲜明、更广泛的导向性。

如果说人类的实践活动，主要包括人与自然的生产实践活动和人与人的交往实践活动两种形态，那么，生产文明建设凸显和聚焦的是人与自然的生产实践活动及其成果。人与自然作为这种实践活动的两个方面，其中“人”是这一活动的主体或主导的方面。“在价值观念上，生态文明强调给自然以平等态度和人文关怀。”[①] 因为人与自然是生命共同体，人类必须尊重自然、顺应自然、开发自然。人类只有遵循自然规律才能有效防止在开发利用自然上走弯路，人类对大自然的伤害最终会伤及人类自身，这是无法抗拒的规律。人类在尊重自然规律的前提下，利用、保护和发展自然，给自然以人文关怀。显然，生态文化、生态意识越来越成为大众文化意识，生态道德也越来越成为社会公德。

生态文明强调人的自觉与自律，强调人与自然环境的相互依存、相互促进、相互共荣。与以往的农业文明、工业文明具有一定的相同点，即都主张在改造自然的过程中发展物质生产力，但它们之间的显著差别在于，生态文明的重心更倾向于构建一个以环境资源承载力为基础、以自然规律为准则、以可持续社会经济文化政策为手段的环境友好型社会，其价值观从传统的“向自然宣战”向“人与自然协调发展”转变；从传统经济发展动力——利润最大化向生态经济全新要求——福利最大化转变。这无不

① 林红梅：《生态文明与和谐社会理论研讨会综述》，《思想理论教育导刊》2008 年第 5 期。

显示生态文明相对于农业文明与工业文明而言具有明显的优越性。

党的十八大报告明确把“美丽中国”视为生态文明建设的宏伟目标，提出了全面建成小康社会“五位一体”的总体格局，“美丽中国”由此成为构成中国特色社会主义的目标。党的十九大报告进一步明确了中国特色社会主义事业“五位一体”的总体格局，部署了到21世纪中叶把我国建设成为富强、民主、文明、和谐、美丽的社会主义现代化强国。这凸显了我们党越来越科学地认识到我国发展的“生态学”转向，深刻地认识到发展规律的“天择”原理，从而走出一条更加成熟与稳健、极具生态色彩的中国特色社会主义发展道路。

一　生态文明的提出

工业文明给我们带来物质财富的同时，也产生了重大的生态环境问题。生态环境危机越来越成为威胁人类生存发展的显性问题，这迫使人们对生态危机、生态文明，乃至人类文明的未来走向等问题进行深入的研究。今天，传统工业文明的发展模式某种程度上已经成为人类文明继续前行的阻碍，越来越受到人们的质疑。在这种质疑中，人与自然的和谐问题又再次引起人们的重视，社会和自然的和谐、社会和人的和谐等问题以其不容忽视的基础地位越来越成为调整人类文明发展模式的重要出发点和趋赴目标。这意味着人类社会正在由工业文明向一个全新的文明时代——生态文明时代转变。越来越多的迹象表明，生态文明的理念正逐渐渗透到社会的各个方面和各个环节，影响人们的生产方式、生活方式和思维方式。

（一）生态文明概念的提出

世界上最早用生态史观研究人类文明史的是日本学者梅棹忠夫，他在1957年出版的《文明的生态史观序说》中，率先以生态学方法探讨世界文明史的发展规律；1967年出版的《文明的生态史观：梅棹忠夫文集》提出了生态史观，突出自然环境、生态条件对文明史进程的重要作用。几乎与此同时，美国科学家蕾切尔·卡逊以《寂静的春天》揭示伤害自然必然危及人类自身生存的事实，提出了人与自然共生共荣的问题。20世纪七八十年代，随着西方工业化达到最高成就，以及它所带来的一系列问题的严重性，尤其是不良的社会生产方式带来的生态环境的恶化，促使工业社会面临着历史性的变革。[①] 西方社会学家、未来学家预感到传统工业时代的没落，开始广泛使用一个“后”字，作为一种综合形式来阐释西方社会正在进入的时代。德国社会学家拉尔夫 · 达伦多夫认为他们生活在一个后资本主义社会里。1972 年，罗马俱乐部发表研究报告《增长的极限》，提出了均衡发展的概念。

20 世纪 70 年代，产生了可持续发展的思想和实践。1972 年联合国在斯德哥尔摩召开了有史以来第一次“人类环境会议”，讨论并通过了著名的《人类环境宣言》。20 世纪 80 年代，人们开始对工业文明社会进行了初步反思，各国政府开始把生态环境保护作为一种重要的施政内容来看待。1987 年，联合国环境与发展委员会发布了研究报告《我们共同的未来》，对可持续发展做了理论阐述，形成人类建构生态文明的纲领性文件。1992 年联合国环境与发展大会通过的《21 世纪议程》，更是强调和深化了人们对可持续发展理论的认识。同一年，在巴西里约热内卢召开的联合国环境与发展大会，提出了全球化的可持续发展战略，真正拉开了人类自觉改变生产方式和生活方式，建设生态文明的序幕。生态科学和环境科学与其他自然科学、社会科学相互交叉渗透，相继出现了一大批新兴学科。1995 年，美国著名作家、评论家罗伊 · 莫里森在撰写《生态民主》一书时，明确使用了“生态文明”这一概念。他呼吁，应该以污染税来代替所得税，以信息交换来代替无限制的增长等，用来抵制工业文明的危害，并将“生态文明”作为“工业文明”之后的一种文明形式，而“生态民主”则是“工业文明”向“生态文明”过渡的必由之路。在西方国家，无论是社会学家对后工业社会的探讨，还是科学家对解决生态环境问题的努力，以及后现代主义者倡导的生态学世界观，都在同一方向上预示着工业文明因面临着多重全球问题必将发生转型，走向新的生态文明的必然趋势。

我国生态文明理论研究始于 1987 年，当时著名生态学家叶谦吉最早使用了生态文明的概念。他从生态学和生态哲学的视角来阐释生态文明，

① 杨多贵、周志田、陈劭锋：《我国人与自然和谐发展面临的挑战及其战略选择》，《上海经济研究》2005 年第 4 期。

认为生态文明是人类既获利于自然，又还利于自然，在改造自然的同时又保护自然，人与自然之间保持和谐统一的关系。[①] 1988 年，刘宗超、刘粤生提出要确立“全球生态意识和全球生态文明观”。中国著名生态经济学家、中南财经政法大学的刘思华教授，长期以来把社会主义生态文明作为马克思主义生态经济协调可持续发展理论研究的重大课题进行研究，在学术界最早提出建设社会主义生态文明的新命题。1997 年，刘宗超在《生态文明与中国可持续发展走向》中首次提出“21 世纪是生态文明时代，生态文明是继农业文明、工业文明之后的一种先进的社会文明形态”。至此，中国学者基本完成了生态文明观作为哲学、世界观、方法论的建构，这也标志着中国生态文明学派的诞生。

1996 年，国家社会科学基金委员会将“生态文明与生态伦理的信息增殖基础”正式列为国家哲学社会科学“九五”规划重点项目，首开中国系统研究生态文明理论的先河。2007 年，胡锦涛同志在中国共产党第十七次全国代表大会上所做的《高举中国特色社会主义伟大旗帜　为夺取全面建设小康社会新胜利而奋斗》报告中首次明确提出“建设生态文明”，将生态文明纳入全面建设小康社会的总目标中，要求到 2020 年基本形成节约能源资源和保护生态环境的产业结构、增长方式、消费模式；循环经济形成较大规模，可再生能源比重显著上升；主要污染物排放得到有效控制，生态环境质量得到明显改善；生态文明观念在全社会牢固树立。生态文明建设首次写入党代会报告，成为党的行动纲领，成为社会主义现代化建设的战略指导思想，标志着我国正式开始生态文明建设的征程。2013 年，习近平总书记在哈萨克斯坦回答同学提问时指出，“建设生态文明是关系民族福祉，关系民族未来的大计。我们既要绿水青山也要金山银山，宁要绿水青山不要金山银山，而且绿水青山就是金山银山”。

文明的转折与发展模式的转型存在紧密的内在联系。中国在人类由农业文明向工业文明转折的关键时期错失了转型良机，以至于长期落后于先期工业化国家。今天，人类文明又进入了一个新的转折的关键时期，这个时期既是中华民族实现伟大复兴的历史机遇，也是对中国经济又好又快发

---

① 李海新：《生态文明：建设中国特色社会主义的道路抉择》，《江汉论坛》2010 年第 12 期。

展的严峻挑战，因为中国要在尚未全面完成工业化的前提下实现向生态文明时代的转折。[①] 因此，中国显然不可能，也不应该走先期工业化国家“先污染后治理”和转嫁危机的道路，而应该走出一条全新的发展道路——生态文明之路。

（二）生态文明是人类文明的新形态

渔猎文明、农业文明、工业文明是人类文明的几种形态。渔猎文明和农业文明虽然没有大规模破坏自然环境，但人们对自然充满恐惧和敬畏，人屈从于自然。工业文明虽然确立了人的主体地位和主体价值，但把对自然的征服当作文明的标志，使得自然屈从于人，最终也不能使人真正为人。而且，马克思早已确证，资本主义社会中的人是异化之人。西方马克思主义者的研究更是一再表明，资本主义社会物质文明的发达，反而使人更加深陷异化之中而不能得以拯救。

生态文明是继渔猎文明、农业文明和工业文明之后，迄今为止人类文明发展的一个全新阶段。它是以人与自然、人与人、人与社会和谐共生、良性循环、全面发展、持续繁荣为基本宗旨，强调在产业发展、经济增长、改变消费模式的进程中，尽可能积极主动地节约资源和保护环境。这完全符合解决当今社会发展的资源与环境瓶颈问题。[②] 事实上，生态文明的思想不管是在中国还是在外国都有所体现。在中国，生态和谐的思想早就深入人心，铭刻在中国人的骨子里了，中国传统文化中蕴含的生态和谐思想在各家各派都有着生动而精练的阐释；在欧洲，生态文明是随着工业革命的深入发展而出现的，是对工业革命的弊端的反思。

1. 中国传统文化中的“天人合一”与生态文明

中国传统文化的天人和谐思想是生态文明的重要文化渊源。所谓天人和谐思想，即强调天人统一，将人与自然的关系定位在一种积极的和谐关系上，不主张征服自然；强调人既不是大自然的主宰，也不是大自然的奴隶，而是大自然的朋友。中国历朝历代都有生态保护的相关律令。以儒释道为中心的中华文明，在几千年的发展过程中，形成了系统的生态伦理思

---

① 叶文虎：《新的“文明转折”序幕已悄然拉开》，《北京日报》2010 年 2 月 1 日第 8 版。

② 卢风、肖蔵：《应用伦理学导论》，清华大学出版社 2000 年版，第 16 页。

想。中国儒家生态智慧的核心是德性，尽心知性而知天，主张“天人合一”，其本质是“主客合一”，肯定人与自然的统一。所谓“天地变化，圣人效之”，“与天地相似，故不违”，“知周乎万物，而道济天下，故不过”。儒家通过肯定天地万物的内在价值，主张以仁爱之心对待自然，讲究天道人伦化和人伦天道化，通过家庭、社会进一步将伦理原则扩展到自然界，体现了以人为本的价值取向和人文精神。儒家的生态伦理，反映了一种对宽容和谐的理想社会的追求。

中国道家的生态智慧是一种自然主义的空灵智慧，通过敬畏万物来完善自我生命。道家强调人要以尊重自然规律为最高准则，以崇尚自然、效法天地作为人生行为的基本皈依。强调人必须顺应自然，达到“天地与我并生，而万物与我为一”的境界。庄子把一种“物中有我，我中有物，物我合一”的境界称为“物化”，也是主客体的相融。这种追求超越物欲，肯定物我之间同体结合的生态哲学，在中国传统文化中具有不可替代的作用，也与现代环境友好意识相通，与现代生态伦理学相合。

中国佛教的生态智慧的核心是在爱护万物中追求解脱，它启发人们通过参悟万物的本真来完成认知，提升生命。佛家认为万物是佛性的统一，众生平等，万物皆有生存的权利。生态伦理成为佛家慈悲向善的修炼内容，生态实践成为觉悟成佛的具体手段，这种在人与自然的关系上表现出的慈悲为怀的生态伦理精神，客观上为人们提供了通过利他主义来实现自身价值的通道。

我国是具有历史悠久生态道德文化与伦理的国家，传统文化中蕴含着丰富而朴素的生态道德文化，其中“天人合一”理念就代表了中华民族追求人与自然和谐统一的精神境界。我国建设生态文明，既继承了中华文化的优良传统，又反映了人类文明的发展方向。因为无论在政治和社会制度层面，还是在哲学、伦理和艺术层面，源远流长的中华文明都富含着“生态智慧”。而这些生态智慧在思维方式、方法论及其样本意义上客观地构成了现代生态文明的培养基。可以说，生态文明是人类对工业文明进行理性反思的产物，也是中国传统文化孵化的产物。

2. 西方近代工业化与生态文明

1866 年，德国生物学家恩斯特·海克尔提出“生态学”概念，将其定义为讨论动物与外界环境关系的学问。生态学上两大传统思想出现在18世纪的欧洲。第一种传统是以英国自然博物学者吉尔伯特・怀特为代表的"阿卡狄亚式"田园主义观点，倡导人们过一种简单和谐的生活，目的在于使人们恢复到一种与其他有机体和平共存的状态，以恭敬、谦逊的态度发展人与自然的共存关系。第二种传统是以瑞典卡罗勒斯・林奈为代表的"帝国"传统观点，希望通过理性的实践和健康的劳动建立人对自然的统治。其观点是所有的东西都是为人服务的，期望人类享受那些使生活舒适愉快的一切东西。这两种对立的传统思想时而分裂时而混合，到今天仍有极大影响。① 20世纪后期的生态学不管产生多少新的东西，无一不受惠于两大传统的生态思想，并且是过去思想的延续。

现代意义上的环境危机或生态危机最早出现在西方工业革命之后，并且在第二次世界大战之后随着世界范围的工业化而变成全球问题。二战后，环境问题已经是世界发达国家面临的最严重的问题之一，从20世纪五六十年代开始各种公害事件频频出现。1968年，生态学家哈丁在《公共牧场的悲剧》中认为污染问题是人口膨胀的结果。1972年，罗马俱乐部的米都斯等人在《增长的极限》中，提出从比较综合的角度来理解环境和资源的问题。他们指出，人口、食品、工业化、污染和不可再生资源的消耗是以指数规律增长的，而地球的承受能力和产出能力是有限的，如果上述五个方面的增长不受限制，那么在不远的将来，人类的经济增长将达到地球的极限。因此，他们提倡一种零增长的模式来避免人类社会的穷途末路。

1992年在巴西里约热内卢召开的联合国环境与发展大会所通过的《21世纪议程》，是人类建构生态文明的一座重要里程碑，标志着人与自然、人与生态，不再是征服或主宰的关系，而是一种全球性的共生共荣关系。联合国环境规划署发布的2012年的《全球环境展望》报告中警告说，如果人类不尽快改变生产和生活方式，将导致其活动超出地球生态系统的若干项承受极限，并使生命赖以生存的地球机能发生突然且不可逆转的改变。书中全面论述了20世纪人类面临的三大主题（和平、发展、环境）

---

① ［美］利奥波德：《沙乡年鉴》，侯文惠译，吉林人民出版社2000年版，第20页。

之间的内在联系，并把它当作一个更大的课题（可持续发展）的内在目标来追求，从而为人类指出了一条解决困难的有效途径。

二　生态文明的内涵

生态文明概念，由于其内涵的丰富性和歧义性，存在着不同的理解和阐释。

首先，我们可以从价值观、发展观、消费观三个方面对生态文明的内涵进行界定：（1）人与自然和谐共生的文化价值观。树立符合自然生态法则的文化价值需求，体悟自然是人类生命的依托，自然的消亡必然导致人类生命系统的消亡，尊重生命、爱护生命并不是人类对其他生命存在物的施舍，而是人类自身进步的需要，把对自然的爱护提升为一种不同于人类中心主义的宇宙情怀和内在精神信念。（2）生态系统可持续前提下的发展观。遵循生态系统是有限的、有弹性的和不可完全预测的原则，人类的生产劳动要节约和综合利用自然资源，形成生态化的产业体系，使生态产业成为经济增长的主要源泉。物质产品的生产，在原料开采、制造、使用至废弃的整个生命周期中，对资源和能源的消耗最少，对环境的影响最小，再生循环利用率最高。（3）满足自身需要又不损害自然的消费观。提倡"有限福祉"的生活方式。人们追求的不再是对物质财富的过度享受，而是一种既满足自身需要又不损害自然，既满足当代人的需要又不损害后代人需要的生活。这种公平和共享的道德，成为人与自然、人与人之间和谐发展的规范。

其次，生态文明概念的内涵还具有狭义和广义之分。狭义的生态文明是指与物质文明、精神文明、政治文明、社会文明相并列的文明形式之一，着重强调人类在处理与自然的关系时所达到的文明程度，是在人类历史发展过程中形成的人与自然、人与社会环境和谐统一、可持续发展的文化成果，是人与自然交流融通的状态。广义上的生态文明是指人类在生态危机的时代背景下，在反思现代工业文明模式所造成的人与自然对立的矛盾基础上，以生态学规律为基础，以生态价值观为指导，从物质、制度和精神观念三个层面进行改善，以达成人与自然的和谐发展，实现"生产发展、生活富裕、生态良好"的一种新型的人类根本生存方式，是在新的条件下实现人类社会与自然和谐发展的新的文明形态。

具体来说，广义上的生态文明内涵又可包含生态物质文明、生态精神文明和生态制度文明三个维度。

第一，生态物质文明是人类通过脑力劳动和体力劳动，以自然物为劳动对象，按照人的目的创造出的物品，包括直接满足人的生存需要的那些产品和用具。物质文明是人类改造客观物质世界的物质成果，其功能是维持人的生命再生产和社会再生产，其水平的高低由物质生产和物质生活的改善水平来决定。人类文明发展到今天，已经创造了比较丰富的物质文明，物质文明要符合生态文明要求，符合生态规律，符合生态系统的要求。人类的生产和生活应当以生态学和生态经济理论为指导，按照循环经济模式来进行。生态物质文明不仅要求生产的器物本身是生态的，而且要求生产的全过程也是生态的。这不仅要发展生态产业体系，生产绿色产品，同时也要发展与生态环境相关的公共产品，并以这种公共产品的多少和质量高低来衡量生态物质文明水平的高低。

第二，生态精神文明即符合生态系统的精神观念，包括新自然观、新文明观等，以及体现新的精神观念的文化产品。生态精神文明建设的内容是丰富的，要以生态学为依据，重新认识我们生活的地球以及生物圈。要在全社会确立生态意识，包括生态科学意识、生态忧患意识、生态审美意识、生态价值意识、生态责任意识等，树立整体主义、新自然主义、和谐主义等观念；在全社会确立生态文明观、生态道德观、生态法律观，提高全社会的生态文明科学素质和思想道德素质，生态精神文明可以外化为生态行为文明。

第三，生态制度文明是不仅考虑人与人、人与群体、人与社会的关系，而且在考虑任何关系时都将生态系统的要求纳入考虑范畴的一种新型制度文明，主要包括新型的经济制度和政治法律制度这些显性制度和新型风俗、礼仪等隐性制度。可见，生态制度文明还包括建立一些有利于生态系统繁荣稳定的新制度。这些制度的完善和全面执行是生态文明的重要标志。生态制度文明的水平，不仅要看是否制定了较完善的生态环境保护制度规范，还要看这些新型的制度规范是否得到普遍的遵守和落实，是否取得明显的成效。生态制度文明的目标，就是要从制度安排上对从事生态文明建设的人和单位给予奖励和激励，使之受益，从而形成人人积极参与生态文明建设的良好制度环境。①

可见，广义的生态文明是人类社会继渔猎文明、农业文明、工业文明之后的新型文明形态。它以人与自然协调发展作为行为准则，建立健康有序的生态机制，实现经济、社会、自然环境的可持续发展。生态文明与物质、精神、政治文明共同构成人类文明的整体框架，它们紧密相连，既相互促进又相互制约。从自然是人类社会生存的基础来看，生态文明可以看作其他三个文明的基础。在人类发展的不同时期，四种文明都存在，只不过各种文明的内涵和形式有所变化。生态文明社会的建设必须涵盖自然生态系统的改善与良性平衡，还将覆盖社会生态的政治领域、经济领域、文化领域、社会领域，并在社会生活的各个领域发挥引领和约束作用。与此同时，一个高度文明的生态社会还蕴含着人类个体身心的和谐健康发展。所以，生态文明社会的外延更广阔，体现了高度的人文关怀。生态文明注重人—环境—社会的相互关系，协调人与自然、人与社会、发展与环境的关系是生态文明的核心内容，生态文明在人、环境、社会三者及三个子系统各自内部均相互协调的情况下共同发展。建设生态文明有利于将生态理念渗入经济社会发展和管理的各个方面，实现代际、群体之间的环境公平与正义，推动人与自然、人与社会的和谐。生态文明为人类呈现一种新的根本生存方式；在过程上，生态文明表现为对现代工业文明的超越；在结果上，生态文明表现为人类在一种生态的生产生活方式中所创造的物质的、制度的、精神的一切事物的总和。生态文明是一种新的条件下“亲生态”的新型文明，强调人类社会与自然生态系统的和谐发展，特别强调生态文明的生产方式和生活方式都要以生态学规律为基础，生态文明中的人是具有生态学知识和生态意识、遵循生态理性的“生态人”。这样的文明既是与生态相关的，又是符合生态学规律的，不仅是一种事实描述，也具有一定的价值内涵。

总之，生态文明就是人类遵循人与自然和谐发展规律，推进社会、经济和文化发展所取得的物质、制度与精神成果的总和；是指人与自然、人

---

① 卢风、肖葳：《应用伦理学导论》，清华大学出版社 2000 年版，第 18 页。

与人和谐相处、全面发展、持续繁荣为基本宗旨的文化形态。它是对人类长期以来主导人类社会的物质文明、精神文明和制度文明的反思，是对人与自然的关系历史的总结和升华。生态文明作为一种发展范式，其核心要素是公正、高效、和谐和人文发展。公正，就是要尊重自然权益实现生态公正；高效，就是要寻求自然生态系统具有平衡和生产力的生产效率，经济生产系统具有低收入、无污染、高产出的经济效率和人类社会体系制度规范完善运行平稳的社会效率；和谐就是要实现人与自然、人与人、人与社会的包容互利，以及生产与消费、经济与社会、城乡与地区之间的平衡协调；人文发展，主要包括生活的尊严和健康。① 各个要素之间也是互相关联的：公正是生态文明的必要基础，效率是生态文明的实现手段，和谐是生态文明的外在表现，人文发展是生态文明的终极目标。站在这个视角来审视人类的发展，首先，要将自然视为人类家园的有机组成，从价值观、世界观等精神层面，重新理解人与自然家园之间的关系。其次，要主动地学习、仿效自然生态系统，以此影响社会经济的发展战略、目标和政策的制定和实施。生态文明倡导资源节约、环境友好的循环经济增长方式，以环保型产业为主的绿色产业结构以及绿色消费模式。生态文明的推动路径是：不断提高资源生产率，使得社会经济行为能以最小的生态环境损失和资源消耗，换取最大的发展效益。

作为一种生产实践的文明指向，生态文明还具有生产的高效性和建设的持续性两个基本特征。

第一，生产的高效性。在各行业、部门间建立起协调、共生的网络化系统，使物质、能源、信息在整个系统中得到循环利用。提高资源利用率，扩大资源利用途径和方式，使物质、能量得到多层次、分级利用。首先，倡导转变精神领域中的人的世界观、价值观，进而倡导自觉自律的生产生活方式，克制对物质财富的过度追求和享受，选择既满足自身需要又不损害自然环境的生活方式。创新政治领域中的权力运作方式，实现多层次、多角度的根本性转变与革新。生态文明追求经济与生态之间的良性互动，坚持经济运行生态化，改变高投入、高污染的生产方式，以生态技术

① 李培超：《自然的伦理尊严》，江西人民出版社 2001 年版，第 16 页。

为基础实现社会物质生产系统的良性循环。在生产方式上，它追求经济社会与环境协调发展而不是单纯的经济增长。其次，在生活方式上，它倡导生活的质量而不是简单的需求满足，反对过度消费。再次，在社会价值上，它的归宿是人与自然关系的平衡而不是以人为中心，自然被赋予了道德地位。最后，在社会结构上，它努力实现更为高度的民主，强调社会正义，并保障多样性。生态文明代表着人类社会发展的一种崭新追求，它意味着社会生产、生活方式以及价值、结构的重要转变，代表着世界文明进步的新方向。

第二，建设的持续性。生态文明作为新的社会文明形态，必然会经历一个长期而复杂的历史进程。我国正处于工业化中期阶段，传统工业文明的弊端日益显现。因此，生态文明建设面临着双重任务和巨大压力，既要"补上工业文明的课"，又要"走好生态文明的路"。这决定了建设生态文明需要我们长期坚持不懈地努力。生态文明社会的建设更需要政府权力和政策的保障以及社会力量的协调参与。面对经济增长和环境保护、经济效益和生态效益的多重困境，生态文明的建设尤为艰巨曲折，是我们的长期目标。[①] 生态文明以自然、社会、经济复合系统为对象，以各个系统相互协调共生为基础，以生态系统承载力为依据，以人类社会可持续发展为总目标。

作为人类文明的高级形式，生态文明以把握自然规律、尊重和维护自然环境、以人与自然为前提，以人与自然、人与人、人与社会和谐共生为宗旨，以资源环境承载力为基础，以建立可持续的产业结构、生产方式、消费模式以及增强可持续发展能力为着眼点，为建设绿色文明的可持续发展做好铺垫。

第二节　可持续发展：生态文明发展的新形式

半个多世纪以来，发展作为一项世界性的现实运动，一门多学科视点聚焦的"显学"，已越来越成为世人所关注的一个全球性热点。产生于二

---

① 林红梅：《试论拯救环境危机的多维视角》，《行政与法》2007 年第 1 期。

战后的社会发展理论，为了寻求发展中国家的发展道路和解决全球化问题，它一开始便带有强烈的实践性和人们自觉选择、设计的自为性特点。由于对发展含义理解的模糊性、歧义性，人们对发展的认识经历了一个从经济视角到社会视角再到生态视角的转换历程，对发展的价值追求和实践指向也经由经济增长—社会变革—生态发展的历史嬗变。

一 发展观念的“生态学转向”

社会发展观本身也是不断发展的。将社会发展观置于生态哲学视域中加以考察，我们不难发现，在发展观念上，人类经历了一个从经济增长观到生态发展观的转变。

发展最初被等同于经济增长。许多国家为了摆脱二战后面临的严重危机和物质匮乏，出现了以经济增长为核心的发展浪潮，表现为对国民生产总值和经济高速增长的热烈追求。这种占主流范式的发展主义，把发展看作遵循欧美型的工业化道路向现代社会转型的过程。按照这种观点，发展就是以经济增长和技术进步为强大动力，以 GNP 的增长率为主要衡量标准，以工业增长为根本途径，以生产过程的空间密度集结和物质消费的最大化为基本手段，来实现产业结构的升级、城市规模的扩大、综合国力的提高以及消除城乡之间、贫富之间的二元对立。有人把这种发展观概括为“发展 = 经济”。自 20 世纪 60 年代以来，这种“唯经济主义”的发展观遇到了多方面的挑战：环境污染、资源枯竭、生态失衡、分配不公、两极分化、社会腐败、政治动荡、文化失落等一系列自然—社会问题。具体地说，发展主义的实践不仅造成了第三世界经济社会发展的二元性、发达国家与发展中国家对立的二元性等弊端，而且加剧了人类奴役和榨取自然，导致人与自然的尖锐对立。从某种意义上说，当前人类发展所遇到的生态危机，就是传统发展观的危机。国际社会称这种现象为“有增长无发展”“恶的增长”，因此引起了人们的普遍怀疑和抨击。人们发现，社会落后是由多种因素如经济、政治、社会、文化、价值观念、文化传统等相互综合作用的结果，单纯的经济增长不等于社会发展，它还要求社会非经济因素相应的发展和支撑，发展意味着全面的社会变革。于是，一种新的综合发展观便应运而生。所谓综合发展观，就是把发展看作以民族、历史、文化、环境、资源等条件为基础，包括经济增长、政治民主、科技水平提高、文化观念更新、自然生态协调平衡等多方面因素在内的综合发展过程。“发展 = 经济 + 社会”，其核心内容是经济增长和社会文明的相互协调、同步发展，是一种多样的文化进步。

但是，无论是经济增长观还是综合发展观都没有凸显生态自然在社会发展中的优先地位和基础作用，没有将经济社会的发展与自然生态环境的繁荣置于同等重要的位置上，更没有将生态矛盾、生态危机看作当代社会发展的主要矛盾和人类生存、发展的最大威胁。简言之，传统发展观没有实现经济社会发展的“生态学”转向。在生态学马克思主义者看来，当代资本主义尽管用高生产和高消费延缓了资本主义的寿命，但由于过度生产与过度消费而引起的生态危机、生态矛盾（即资本主义无限扩大的生产能力和消费需求与生态环境资源有限承载能力和供给能力之间的矛盾）已成为现代资本主义社会的主要矛盾，并扩展为全球性问题。在这种情势下，生态发展观的呼声越来越高，所谓“全面的、协调的、可持续的发展观”要求实现发展的生态学转向。

所谓“生态发展观”，是指人类社会的发展符合生态规律，经济社会系统与自然生态系统之间良性循环、协调发展，从而使社会发展真正植根于人与自然之间的和谐关系之中。生态发展观实质上就是可持续发展观。其基本要点在于：（1）生态发展观坚持社会系统与生态系统之间的“一体化发展”。坚持从自然生态圈整体运行规律的宏观视野来审视人类社会发展问题，认为生态环境是人类发展的基础和依托，社会发展有赖于生态系统的健康与稳定，倡导人类在促进生物圈稳定与繁荣的基础上改造和利用自然，在尊重和保护自然的前提下谋求人类的发展与进步。（2）生态发展观坚持社会发展与地球生物圈的承载能力相适应的“适度发展”。这种适度发展，包括适度的经济发展、可控的人口增长、合理的消费需求、生态化的科技创新等，使经济社会发展控制在地球生物圈的承载能力和良好的生态潜力的范围内。（3）生态发展观坚持人的解放与自然的解放相统一的“全面发展”。如果说人的解放是人与自然和谐统一的最高表现，那么，自然的解放则是人的解放的现实基础和前提条件。它要求实现经济合理性、生态合理性、社会合理性三者内在统一的价值取向。

生态发展观的确立，标志着社会发展观的革命性变革，表现在三个方面：首先，它完成了发展内涵上的更新。即用整体协调的社会发展观取代以往单纯的经济增长观，实现了发展内涵上由一维到多维、由单一向整体的转变。它突出了自然、经济和社会的协调发展和整体跃迁，旨在促进人类之间以及人与自然之间的和谐。发展不仅是一个经济范畴，同时也是一个生态范畴、社会范畴和人文范畴。社会发展是一个整体推进的过程，其中对每一个因素的忽视和牺牲都会使社会整体付出代价。其次，它实现了发展主体和目标上的转换，即从发展主体的非人化（物本化）倾向到发展主体的人本化倾向、以“客体”为中心视界到以“主体”为中心视界的发展观的转变。人们认识到，发展是人之为人的基本方式，发展的核心不在于物而在于人。这种“以人为本”的发展观，就是在反思和批判传统“经济主义”发展观那种“见物不见人”，为了追求经济最大增长率，把人仅仅视为征服自然、发展经济的工具的片面观点中确立起来的。最后，它确立了生态原则在经济社会发展中的优先性。将生态原则视为社会发展的首要的或最高的价值原则，将经济效益符合于、服从于生态效益作为核心价值观，从生态学上规范和确定人类活动的社会能动性以及合理界限。生态发展观所实现的上述三个方面的观念更新，已为当代社会各界制定和实施新的发展战略提供了重要的思想资源和智力支持。

二　可持续发展观的提出

从20世纪60年代开始，人类对人与自然的关系的认识产生了一次重大的历史性飞跃。1972年6月5日，联合国发表了世界上第一个维护改善环境的纲领性文件——《人类环境宣言》，它郑重声明：人类只有一个地球，人类在开发利用自然的同时也承担着维护自然的义务，人类与环境是不可分割的整体。1980年，联合国向全世界发出呼吁：“必须研究自然的、生态的、经济的以及自然资源利用过程中的基本关系，确保全球持续发展。”1983年，联合国成立了世界环境与发展委员会，并要求该组织以可持续发展为基本纲领，制定全球的变革日程。在1987年世界环境与发展会议上，环境委员会主席布伦特兰夫人在《我们共同的未来》的报告中提出了可持续发展的概念。[①] 该报告对可持续发展的定义是："既满足当代人的需求又不危及后代人满足其需求能力的发展。"这一界定，表达了两个基本观点：一是人类要发展，包括穷人要发展；二是发展要有限度，不能危及后人的发展。1989 年 5 月，联合国环境署举行理事会，会议通过了《关于可持续发展的声明》。1992 年，联合国在巴西的里约热内卢召开了环境与发展大会，会议提出了国际贸易、工业生产、经济决策等方面的环境原则，提出了可持续发展战略，各国就可持续发展战略达成共识，并通过《21 世纪议程》。这标志着世界的可持续发展时代来临，人类的环境保护工作进入了一个新的历史阶段。1992 年的第二次世界环境与发展大会通过的《里约环境与发展宣言》把可持续发展进一步阐述为："人类应享有与自然和谐的方式过健康而富有成果的生活的权利"，"环境保护工作应该是发展进程中的一个整体组成部分，不能脱离这一进程来考虑"。

里约热内卢会议之后，中国出台了《环境与发展十大政策》，明确提出要改变传统的发展模式，走可持续发展道路。1994 年，中国发表《中国 21 世纪人口、环境与发展白皮书》，正式提出可持续发展战略，将可持续发展作为经济和社会发展的战略指导思想，开始了我国可持续发展的进程。1995 年，江泽民同志在中国共产党十五届四中全会上明确提出："在现代化进程中，必须把实施可持续发展作为一项重大战略。"

2003 年 10 月，中国共产党十六届三中全会召开，会上首次提出了"科学发展观"，要实现全面建设小康社会的宏伟目标。2004 年 5 月，胡锦涛同志在江苏考察工作时进一步指出，科学发展观是我们党从新世纪新阶段我国发展全局出发提出的重大战略思想，对整个改革开放和现代化建设都具有重要指导意义，必须把科学发展观贯穿于发展的整个过程。2005 年 2 月，胡锦涛同志在省部级主要领导干部提高构建社会主义和谐社会能力专题研讨班上的讲话中指出："我们所要建设的社会主义和谐社会，应该是民主法治、公平正义、诚信友爱、充满活力、安定有序、人与自然和谐相处的社会。"其中，"人与自然和谐相处就是生产发展、生活富裕、生

---

① 世界环境与发展委员会：《我们共同的未来》，王之佳、柯金良等译，吉林人民出版社 1997 年版，第 12 页。

态良好”。2007 年 10 月，胡锦涛同志在党的十七大报告中以较大的篇幅全面论述了“深入贯彻落实科学发展观”问题。我国人均资源不足，人均耕地、淡水、森林分别仅占世界平均水平的 32%、27.4% 和 12.8%，石油、天然气、铁矿石等资源的人均拥有量也明显低于世界平均水平，并且由于长期实行主要依赖增加投资和物质投入的粗放型经济增长方式，能源和其他资源的消耗增长很快，生态环境恶化的问题也日益突出。因此，突出强调建设生态文明，对于深入贯彻科学发展观，实现以人为本、全面协调可持续发展有至关重要的导向作用。可以坚信，我们有中国共产党的英明领导，有科学发展观的科学指导，一定能超越传统工业文明和资本主义制度，实现以人为本、全面协调可持续的跨越式发展，成为人与自然和谐相处、生态环境良好的国家，引领生态文明的世界潮流，为人类文明作出新的更大的贡献。

习近平总书记在 2016 年 9 月 4 日二十国集团领导人杭州峰会的开幕致辞中指出，面对当前挑战，我们应该落实 2030 年可持续发展议程，促进包容性发展。据有关统计，现在世界基尼系数已经达到 0.7 左右，超过了公认的 0.6 “危险线”，必须引起我们的高度关注。今年，我们把发展置于二十国集团议程的突出位置，共同制订落实 2030 年可持续发展议程行动计划。同时，我们还将通过支持非洲和最不发达国家工业化、提高能源可及性、发展普惠金融、鼓励青年创业等方式，减少全球发展不平等和不平衡，使各国人民共享世界经济增长成果。习近平同志指出：“以人为本，其中最为重要的，就是不能在发展过程中摧残人自身生存的环境。如果人口资源环境出了严重的偏差，还有谁能够安居乐业，和谐社会又从何谈起?”要“让人民群众喝上干净的水，呼吸上清洁的空气，吃上放心的食物”①。在发展与环保冲突时，他强调经济发展“不能以牺牲生态环境为代价”；“必须懂得机会成本，善于选择，学会扬弃，做到有所为，有所不为，坚定不移地落实科学发展观，建设人与自然和谐相处的资源节约型、

---

① 中共中央宣传部编写：《习近平总书记系列重要讲话读本》，学习出版社、人民出版社 2016 年版，第 34 页。

环境友好型社会”；“生态兴则文明兴，生态衰则文明衰”。[①] 在科学发展观指导下，我国的经济建设和社会建设取得了巨大成效，经济持续平稳增长，经济总量持续提升；经济结构不断优化，第三产业比重不断提高，城市化进程加快；节能减排取得积极进展，环境保护成效显著；农业、工业稳步增长，科技、文化、教育、卫生等事业也平稳发展。

总之，可持续发展是以自然、经济、社会复合系统为对象，以各个系统间相互协调共生为基础，以生态系统承载力为依据，以人类社会可持续发展为总目标。[②] 可持续发展是对传统经济发展模式向生态经济发展模式转变的新型发展模式的经典概括，是生态文明的主要政策表现。生态文明为可持续发展提供了思想基础、智力支持和精神支持。可持续发展试图建立一种自然资源、环境与生态系统可以支撑的持续发展模式，实现经济、社会和人口、资源、环境等的协调发展，是生态文明得以实现的必由之路。

为了廓清可持续发展观提出的历史必然性和思想内涵，进一步说明可持续发展观与工业文明、可持续发展观与生态文明之间的关系，是很有必要的。

首先，关于可持续发展观与工业文明之间的关系。工业文明与生态文明尽管作为两种不同的文明形态，它们在诸多方面有着本质的区别，但同时也必须看到，人类文明的历史是一条连绵不断的长河，每一种新的文明形态都是对前一种文明形态的扬弃。可持续发展对于工业文明既有否定又有承续，这种“辩证否定”的意蕴可表述为以下两个方面：一方面，可持续发展观对于工业文明的肯定与继承。可持续发展观的提出，并不意味着对工业文明的彻底否定，更不是对工业文明历史性贡献的抹杀，相反，工业文明的成果为可持续发展观提供了坚实的物质基础、技术支持和法制保障。具体来说，工业文明为可持续发展奠定了物质基础。工业文明所创造的物质成果为可持续发展奠定了坚实的物质基础，它需要在继承工业文明

① 中共中央宣传部编写：《习近平总书记系列重要讲话读本》，学习出版社、人民出版社 2016 年版，第 38 页。

② 《中国共产党十八届三中全会公报》，2013 年 11 月 12 日，新华网。

科技的基础上进一步提高劳动生产率，创造出更多的财富，借助工业文明所创造的科技还能进一步丰富人们的物质生活；工业文明为可持续发展思想的传播提供技术支持。可持续发展思想的确立及传播同样依赖于工业文明所创造的科技；工业文明还为可持续发展提供法制保障，在修正、完善工业文明时期法律的基础上继承其合理的成分。另一方面，可持续发展观对工业文明的否定和超越。工业文明在价值观上的最大特点就是否定自然界的内在价值，过分强调工具价值。可持续发展观不仅看到了自然界的工具价值，更重视自然界的内在价值。在生态文明价值观看来，自然界是工具价值和内在价值的统一。内在价值是整体价值的一部分，它通过系统资源与工具价值之网相互交织在一起，自然的存在本身就是一种价值，它具有天赋的生存权和发展权。人类必须与自然平等和谐相处。生态文明的目标是实现人与自然的和谐，因此在技术发展与应用的过程中，它非常重视技术对环境的影响。和谐型技术观在利用技术有效改造自然的同时，更注重人、技术、自然、社会之间的协调均衡。它也提倡生态消费观，把消费与社会生产、自然生态紧密地联系起来，力求这三者相互促进、协调发展，以达到有机统一。

其次，关于可持续发展观与生态文明之间的关系。可持续发展与生态文明之间同样也存在内在的张力，生态文明提出的可持续发展观，就是坚持以人为本、全面、协调、可持续的发展观。可持续发展和生态文明之间的张力，主要体现在以下几个方面。

第一，生态文明是可持续发展的前提。与工业文明毫无限度地索取和利用资源不同，生态文明注重在合理开发利用资源、发展经济的同时建设良好的生态环境，强调现代经济社会的发展必须建立在生态系统良性循环的基础之上。生态文明蕴含着丰富的持续发展内涵，可持续发展只有在人与自然协调发展的状态中才能实现。因此，生态文明是可持续发展的前提和基础。中国科学院首席科学家牛文元说，可持续发展是生态文明本身的一种体现。可持续发展具有两大本质内容：第一，要处理好人与自然的关系。人与自然要求和谐，人对自然的索取必须与人向自然的回馈相平衡。人对自然不能光索取，要想办法回馈自然。这方面平衡了，就可以说人和自然的关系处理好了，也就说明可持续发展要求达到的第一个目标达到了。第二，要处理好人与人之间的关系。所谓人与人之间的关系，主要是指伴际关系、人际关系、区际关系，乃至本国家和全球利益一致。如何达到共建、共享，不能以别人的牺牲或者别人的损失作为代价来发展自己。所以，可持续发展实际是在生态文明总的方向中人类进化、成熟和理性的标志；可持续发展就是在自己的发展、进化过程中，体现这种文明在各个方面的一种表现。

第二，可持续发展是生态文明的实践过程，推动和促进生态文明建设。可持续发展不仅要求人们转变以往的经济发展模式，而且要求人们转变以往的思维方式、生活方式；不仅要考虑当代人的利益，而且要考虑未来人的利益：不仅要考虑眼前利益，而且要考虑长远利益；不仅要考虑各个民族利益和区域利益，而且要考虑人类利益和全球利益；不仅要考虑经济效益，而且要考虑环境效益和社会效益，以达到现代与未来、局部与整体、经济与环境、社会与自然在发展上的协调一致。可以说，可持续发展不仅是一种思想和观念，同时也是一种体现在社会行为中的过程。在一定的生态文明观和生态意识指导下，人们在生产生活实践中推动生态文明进步发展的活动，包括清洁生产、循环经济、环保产业、绿化建设以及一切具有生态文明意义的参与和管理活动，同时还包括人们的生态意识和行为能力的培育。因此，可持续发展是推动社会、经济、人口、资源和环境保护协调发展的生态文明实践。

第三，可持续发展与生态文明一脉相承、和谐共生。可持续发展与生态文明是20世纪以来人类为解决威胁自身持久健康发展的资源和生态环境问题，在对其产生的经济、社会、政治、文化根源的认识过程中形成的理论成果与战略思想。可持续发展概念主要着眼于环境与经济社会发展的关系问题，强调环境保护、经济发展、社会进步三者之间的协调发展；生态文明理念以可持续发展理论为基础，从人类社会文明转型的历史视角和中国特色社会主义总体布局的内在要求，强调人与人、人与自然关系的和谐。在内涵上，可持续发展和生态文明一脉相承，次第渐进，前者是后者的基础，后者是前者的扩展和升华。在实践上，二者是相通和统一的，建设生态文明，才能加快可持续发展的步伐；走可持续发展道路，才能建设生态文明。

总之，可持续发展观要求人口、经济、社会、资源、环境五要素的和谐发展，在发展中要正确处理人与自然的关系的基础上，注重代内公平和代际公平。科学发展观更鲜明地提出了“以人为本”的发展理念，将人的全面发展与社会的进步作为出发点和落脚点。党的十七大报告第一次把“建设生态文明”写到了我们党的旗帜上，明确提出“建设生态文明，基本形成节约能源资源和保护生态环境的产业结构、增长方式、消费模式”，并以此作为全面建设小康社会的一项重要目标。从实施可持续发展战略、走新型工业化道路、人口资源环境与经济社会协调发展，到树立和落实科学发展观，再到提出建设生态文明，充分表明了党的执政和发展理念的升华以及国家可持续发展战略的逐渐深化。

三　可持续发展观的意义

可持续发展观作为人类全面发展和持续发展的高度概括，不仅要考虑自然层面的问题，甚至要在更大程度上考虑人文层面的问题。因此，许多文献研究可持续发展，都把视野拓展到了自然和人文两个领域，不仅要研究可持续的自然资源、自然环境与自然生态问题，还要研究可持续的人文资源、人文环境与人文生态问题。

从自然层面来讲，单纯地关注自然—社会—经济系统局部的自然属性，到同时或更加关注社会经济属性，以把握人与自然的复杂关系，寻找全球持续发展的途径，这是现代生态学研究的一个重要特征，也是环境社会学与社会生态学兴起的根源。

从人文层面来讲，可持续发展是既满足当代人的需求，又不对后代人满足其需求的能力构成危害的发展；既要达到发展经济的目的，又要保护好人类赖以生存的大气、淡水、海洋、土地和森林等自然资源和环境，使子孙后代能够永续发展和安居乐业。

可持续发展观的提出，为我国社会、经济、环境的发展提出了一个可持续的健康发展的道路，使我们在发展的时候不会毁坏子孙后代的发展；让我们从长远的方向来考虑，为人民、国家以至地球都作出巨大的贡献。

可持续发展观的根本点就是要求人类重建人与自然和谐统一的关系，改变以往人类文明发展过程中以人为破坏自然作为文明成果生成和积累的唯一方式的状况，使新的文明形态集中体现出人与自然的和谐相处。可持续发展观不仅要追求社会和经济的发展，而且还要追求生态进步，形成一种人类与自然协调发展，经济、社会、生态协调进化的文明格局，强调自然环境是人类生存和发展的基础，人类社会是在这个基础上与自然环境发生相互作用、共同发展。它反映了人类社会的发展程度，体现了一个国家或民族的经济、社会、文化的发展水平与整体面貌。

第三节　生态文明建设：可持续发展的创新实践

当前，发展仍然是中国经济建设的重点，但不合理的经济建设却使中国的生态环境日益恶化，这就迫使我们进一步体会到在可持续发展观引领下建设生态文明的重要性和紧迫性。我国是一个发展中国家，正处于现代化进程中，必须总结人类在处理与自然关系中的经验得失，积极推进生态文明建设，避免传统工业文明发展中出现的弊病，努力实现创新实践，并推动人与自然的可持续发展。

一　生态文明建设的内涵

从生态文明建设的主体来看，生态文明建设的主体包括政府、企业和公众三个方面。凭借国家公共行政权力的象征、承载体和实际行动体，政府是生态文明建设最重要的主体；企业在创造利润、对股东利益负责的同时，还要承担对员工、消费者、社区和环境的社会责任，包括遵守商业道德、保障生产安全、维护职业健康等，企业是生态文明建设的重要主体；追求良好的生态环境，实现人与自然和谐相处，是公众追求的主要目标之一，公众组成的社会组织在生态文明建设中也具有重要地位。

从生态文明建设的主要内容来看，生态文明建设主要包括生态产业建设、生态人居建设及生态环境治理三个方面的内容。生态产业建设包括生态农业建设、生态工业建设与生态服务业建设；生态人居建设包括生态村、绿色社区、生态城市三个层面；生态环境建设包括环境污染及其治理、生态安全及生态屏障建设。

从生态文明建设的保障体系来看，生态文明建设的保障体系包括生态科技保障、生态文化保障及生态制度保障等。生态科技保障包括科技支撑、科技研发、科技推广等；生态文化保障包括建设概述、主要特征、主要途径等；生态制度保障是生态文明建设的根本保障，主要包括制度体系、制度建设和支撑体系建设。在“五位一体”总体布局下，“美丽中国”生态文明建设与经济建设、政治建设、文化建设和社会建设这四大建设一起，共同构成社会主义建设总体事业，这就把生态文明建设提升到前所未有的战略高度。[①]

（一）生态文明建设与政治建设

生态文明建设与政治建设既是因果关系，又是包容关系。政治建设是实现生态文明建设的保障条件，直接影响到生态文明建设的水平。政治建设着力于处理人与人之间的关系，而生态文明建设则着力于处理当代人与当代人、当代人与后代人、人类与自然之间的错综复杂的关系。因此，政治建设被生态文明建设所包容。

目前，推进生态文明建设的政治障碍主要在于：一是政绩考核机制被扭曲，片面强调政绩考核的经济性；二是公众环境权益的受损，公众无法享受到足够良好的作为生存权和参与权之一的环境权。生态文明观念引领下的政治建设，就是要积极构建政府为主体的干预机制、以企业为主体的市场机制和以公众为主体的社会机制的相互制衡，同时要构建别无选择的强制性机制、权衡利弊的选择性机制和道德教化的引导性机制的相互协同。

2017 年 5 月 26 日下午，中共中央总书记习近平主持中共中央政治局就推动形成绿色发展方式和生活方式进行第四十一次集体学习。生态环境问题主要是人祸，是人的不当行为造成的。领导干部作为一个地方重大事项的决策者，对生态环境负有重大责任。习近平同志指出：“要落实领导干部任期生态文明建设责任制，实行自然资源资产离任审计，认真贯彻依法依规、客观公正、科学认定、权责一致、终身追究的原则，明确各级领导干部责任追究情形。”对生态环境损害行为严肃追责是生态文明制度的

---

① 方世南：《深刻认识生态文明建设在五位一体总体布局中的重要地位》，《学习论坛》2013 年第 1 期。

重要组成部分，是加快生态文明建设、推进绿色发展、提高生态治理水平的重要举措。习近平同志指出："对造成生态环境损害负有责任的领导干部，必须严肃追责。"

习近平总书记在十九大报告中指出，坚持推动构建人类命运共同体。中国人民的梦想同各国人民的梦想息息相通，实现中国梦离不开和平的国际环境和稳定的国际秩序。必须统筹国内国际两个大局，矢志不渝走和平发展道路，奉行互利共赢的开放战略，坚持正确义利观，树立共同、综合、合作、可持续的新安全观，谋求开放创新、包容互惠的发展前景，促进和而不同、兼收并蓄的文明交流，构筑尊崇自然、绿色发展的生态体系，始终做世界和平的建设者、全球发展的贡献者、国际秩序的维护者。

（二）生态文明建设与经济建设

在基础层面上看，生态文明建设与经济建设的关系是环境保护和经济发展之间的对立统一关系。一方面，环境保护和经济发展是对立的，人类的生存、发展会带来环境污染和生态破坏，累积到一定程度就会爆发环境问题和生态危机；要保护环境，它在一定时空范围内或多或少地制约经济发展。另一方面，环境保护和经济发展又是统一的，环境保护的根本目的还是为了促进经济社会更好地发展，给人类自身提供良好的赖以生存的自然环境。

我国经济建设面临两个突出矛盾：一是经济总量的扩张与自然资源的有限性以及自然资源生产率相对低下的矛盾；二是经济快速发展与环境容量有限以及自然资源生产率相对低下的矛盾。如何有效缓解和克服这两大矛盾？在生态文明理念指导下的经济建设，将致力于消除经济活动对大自然的稳定与和谐构成的威胁，避免经济逆生态化，既做到经济又好又快发展，又能够在"人不敌天—天人合一—人定胜天—天人和谐"这个螺旋式上升的进程中实现新的飞跃。在人类发展进程中，世界文明从农业化转变为工业化，接着转变为信息化。世界将迎来第四次浪潮——低碳化浪潮。一直以来，人类对碳基能源的依赖导致二氧化碳排放过度，带来了温室效应。解决世界气候和环境问题，低碳化是一条根本途径，也是人类发展的必由之路。

中共十八大以来，以习近平为总书记的中央领导集体，提出了要正确处理经济发展同生态环境保护的关系，牢固树立保护生态环境就是保护生产力、改善生态环境就是发展生产力的理念，更加自觉地推动绿色发展、循环发展、低碳发展，决不以牺牲环境为代价去换取一时的经济增长。①

绿色生产方式是习近平同志提出的新型工业化道路，促进经济转型升级的可持续发展纲领，有绿色产业、绿色制造、循环经济、清洁能源、低碳经济等具体措施。绿色产业指高效生态农业。习近平同志主张“把农村丰富的生态资源转化为农民致富的绿色产业，把生态环境优势转化为生态农业、生态工业、生态旅游等生态经济的优势”，使绿水青山变成金山银山。绿色制造指生产全程控制，“形成资源节约型、生态环保型的制造业发展新格局”。

（三）生态文明建设与文化建设

生态文明建设与文化建设既存在交叉关系，又存在重叠关系。从一定角度看，生态文明建设是文化建设的重要组成部分，文化建设必然涉及人与自然关系的处理；反过来，文化建设又是生态文明建设的重要组成部分，生态文明建设为文化建设提供了广阔的舞台。从另一个角度看，生态文明建设与文化建设都需要处理与解决当代人与当代人、当代人与后代人、人类社会与自然界之间的错综复杂的关系，因此，两者属于重叠关系。

生态文明理念视角下的文化建设的一个突出的薄弱环节是生态文化观念不够稳固，为此，必须树立与科学发展观、和谐社会观相吻合的生态文化观，使包括绿色生产观、绿色消费观、绿色技术观、绿色营销观等在内的生态文化成为生态文明建设的行动指南和精神动力。要增强生态危机意识，充分认识“我们只有一个地球”；尊重自然生态环境，实现人与自然的和谐相处；增强生态资源观念，优化生态环境资源配置；转变经济发展方式，经济发展不以破坏生态环境为代价；转变消费行为模式，崇尚科学合理的消费方式。② 党的十九大报告将“美丽”作为社会主义现代化强国

---

① 习近平：《坚持节约资源和保护环境基本国策　努力走向社会主义生态文明新时代》，《人民日报》2013年5月25日第1版。

② 《中共中央关于全面深化改革若干重大问题的决定》，新华网，2013年11月15日。

建设的重要目标，表明了“美丽中国”建设的决心和魄力。

（四）生态文明建设与社会建设

生态文明建设与社会建设是相互支撑的关系。社会建设的核心问题是保障民生，而生态环境质量是保障生命质量和生活质量最基本的民生。生态文明建设水平高，作为基本民生需求的环境权益就维护得好；公众参与包括生态建设与环境保护事务在内的社会管理，其程度高，说明生态文明建设的水平高。

从生态文明视角看社会建设，存在的主要问题是：公众日益增长的环境质量需求与政府不尽理想的环境质量供给之间的矛盾。政府是环境质量这一公共物品的主要供给者，所以它必须进一步强化环境保护的责任，设立更加广泛的环境保护约束性指标，建立更加强硬的环境保护机制。同时，大力推进公众参与机制创新，提高环境信息公开程度，探索建立环境协商机制，形成公众与政府、公众与企业、企业与政府之间的良性互动、协调与制约机制，切实保障公众的环境权益。

2017 年 5 月 26 日下午，中共中央总书记习近平主持中共中央政治局就推动形成绿色发展方式和生活方式进行第四十一次集体学习。习近平同志强调：“生态文明建设”是一个只有起点没有终点的伟大事业，建设美丽中国，创造天蓝地绿水净的美好家园，要靠大家的齐心协力才能实现。“各级党委和政府要切实重视、加强领导，纪检监察机关、组织部门和政府有关监管部门要各尽其责、形成合力。”落实好生态环境保护，让人民群众眼见绿水青山、鼻嗅新鲜空气，是最为普惠的民生福祉，也是执政党的重大责任。习近平同志指出：“保护生态环境就是保护生产力，绿水青山和金山银山绝不是对立的，关键在人，关键在思路。”党的十九大报告提出，“坚决制止和惩处破坏生态环境行为”，这句话表明了我们党的立场、态度和决心，就是对破坏生态环境的行为一定要坚决制止、严惩、重罚。相信通过一些制度性的安排，一定会建立起长效机制，形成不敢、不想破坏生态环境的社会氛围。

二　生态文明建设的实践进展

中国的环境保护起步于 20 世纪 70 年代。1972 年，北京官厅水库发生污染，在周恩来总理的指示下，中央和有关地方成立了领导小组，对官厅水库的污染事件展开调查研究，并分批进行了治理，前后花了10年左右的时间。[①] 这是新中国环保史上的第一项治污工程。同年，中国派代表团赴瑞典斯德哥尔摩参加联合国召开的第一次人类环境会议，统一了政府对环境保护的认识。这次会议可视为中国环境保护工作的正式起步。

1983年年底，第二次全国环境保护会议在北京召开。会议指出，环境保护是中国社会主义现代化建设的一项战略性任务，确定了环境保护的战略方针，即“经济建设、城乡建设和环境建设同步规划、同步实施、同步发展”，“经济效益、社会效益和环境效益的统一”；制定了“预防为主，防治结合，综合治理”三大环境保护的方针，是我国环境保护工作的重要转折点。

1989年4月，第三次全国环境保护会议在北京召开。会议提出要开拓中国特色的环境保护道路，并提出了8项中国特色的环境管理措施，包括“三同时”“三同步”、环境保护目标责任制、环境质量定期考量制、环境质量限期治理等，使全国环境保护的决策更加具体化。

中国是人口、幅员大国，改革开放以来，我国经济快速发展，创造了人间奇迹，成就辉煌。但发展付出的资源、环境代价过大，发展不平衡、不协调的矛盾突出，城乡差别、地区差别、收益分配差别扩大，生态退化、环境污染加重，民生问题凸显以及道德文化领域里的消极现象等，严重制约了现代化宏伟目标的顺利实现。如何破解这些难题，走出困境，实现良性循环，事关改革发展大局和国家民族前途命运。这些矛盾和问题大多是传统工业化带来的，若靠工业文明理念和思路应对，不但于事无补，还会使困境深化。唯有坚持用生态文明理念和思路，对发展中的矛盾、问题，做统筹评估，理性调控，抓住要害，辨证施治，方能“举一反三”，化逆为顺，突破瓶颈制约，在新的起点上实现又好又快发展、可持续发展。

推进生态文明建设，是全面建设小康社会的迫切需要。党的十七大对

---

① 刘东：《周恩来关于环境保护的论述与实践》，中国共产党新闻（http://cpc.people.com.cn/GB/69112/75843/75873/5168346.html）。

全面建设小康社会的目标任务，从五个方面提出了新的更高要求。“建设生态文明”既是目标任务之一，也是实现“更高要求”的保障。我国物质文明建设成就卓著，城乡人民对经济发展、生活改善是满意的，给予好评，但对生态退化、环境恶化的反应则相当强烈。生态文明作为全面建设小康社会的重要组成部分，必须与其他目标任务同步。然而，同物质文明相比，我国生态文明建设明显滞后，是薄弱环节，亟须加大力度，加快步伐，否则，势必会拖全面建成小康社会的后腿。

理念创新及实践推进上，当代实践活动的转向不仅包括人类在生态问题上所有积极的、进步的思想观念转向，而且包括生态意识在经济社会各个领域的延伸和物化转向。生态实践活动主要指为提高生态文明水平而做的努力，重在评价所采取的政策措施完成落实情况。

第一，发展方式转变，促进经济持续健康发展。当今加快转变经济发展方式，在合理利用自然资源、保护环境的基础上促进经济发展，根本改变依靠高投入、高消耗、高污染来支撑经济增长的现状，坚持走科技含量高、经济效益好、资源消耗低、环境污染少、人力资源优势得到充分发挥的中国特色新型工业化道路，实现人与自然、人与社会、人与环境的和谐发展。生态文明建设是落实科学发展观、实现可持续发展战略的内在要求与基础。① 加快转变经济发展方式，同时对经济结构进行战略性调整，促进国民经济增长由粗放型向集约型转变。在推动环境保护过程中，既要打攻坚战，又要打持久战。一方面，对一些违法违规、污染环境的企业零容忍，依法依规严肃处理；另一方面，也要按照分类指导的原则，一厂一策，具体问题具体分析。我们坚决反对不分青红皂白、不分好坏的“一刀切”。即使对违法违规的企业，也是根据情况，能够整改的给予时间进行整改，并非一棍子打死。只有那些确确实实没有生存价值，又严重污染环境，整治又没有任何希望的企业，才最后关停关闭。也正因如此，环境保护与经济增长在过去这段时间相得益彰。

第二，法规政策完善，构建生态制度体系。法律制度是文明的产物，它代表文明进步的程度，其作用在于用刚性的制度约束、惩罚人类的不文

---

① 陈君：《生态文明：可持续发展的重要基础》，《中国人口资源与环境》2001 年第 11 期。

明行为。健全的生态法律制度不仅是生态文明的标志，而且是生态保护的最后屏障。生态法律不但可以充分发挥环境和资源立法在经济和社会生活中的约束作用，而且还能加大环保执法力度，对破坏生态环境的行为严厉惩罚。同时，政府制定的生态政策还可以针对生态文明建设中的重大工程和重大项目给予指导。中央全面深化改革领导小组审议通过40多项生态文明和生态环境保护具体改革方案，对推动绿色发展、改善环境质量发挥了强有力的作用。《中华人民共和国环境保护法》《中华人民共和国大气污染防治法》《中华人民共和国水污染防治法》《中华人民共和国环境影响评价法》《中华人民共和国环境保护税法》《中华人民共和国核安全法》等多部法律完成制定或修订，《中华人民共和国土壤污染防治法》进入全国人大常委会立法审议程序。

第三，生态治理加强，营造良好生态环境。生态环境恶化，究其原因主要是资源的不合理开发、利用。一些地区环境保护意识不强，重开发轻保护，重建设轻维护，对资源采取掠夺型、粗放型开发、利用，超过了生态环境承载能力。一些部门和单位监管薄弱，执法不严，管理不力，致使许多生态环境破坏的现象屡禁不止，加剧了生态环境的恶化。因此，必须大力加强环境保护和生态建设，以实施可持续发展战略和发展经济方式的转变为中心，以改善生态环境质量和维护国家生态环境安全为目标，紧紧围绕重点地区、重点生态环境问题，统一规划，分类指导，分区推进，加强法治，严格监管，坚决打击人为破坏生态环境行为，动员和组织全社会力量，保护和改善自然恢复能力，巩固生态建设成果，努力遏制生态环境恶化的趋势。一是坚持环境保护和生态建设并举。在加大生态环境建设力度的同时，必须坚持保护优先、预防为主、防治结合，彻底扭转一些地区边建设边破坏的被动局面。二是充分考虑区域和流域环境污染与生态环境破坏的相互影响和作用，坚持污染防治与生态环境保护统一规划，同步实施，把城乡污染防治与生态环境保护有机结合起来，努力实现创新环境保护一体化。三是坚持统筹兼顾，综合决策，合理开发。正确处理资源开发与环境保护的关系，坚持在保护中开发，在开发中保护。明确生态环境保护的权、责、利，充分运用法律、经济、行政和技术手段保护生态环境。

第四，加强环境整治，建设和谐人居环境。强化城乡环境综合整治，统筹城乡建设，逐步缩小城乡建设差距，是改善人居环境、提高群众生活质量的重要举措。应进一步加快城镇污水处理厂、配套管网、垃圾处理厂建设，城镇和工业园区污水要逐步实现统一纳管，进一步提高污水收集处理率和垃圾无公害化处理率，推进城市内河水系改造和污染治理，恢复内河生态和景观功能，做到绿树成荫。采取切实措施，解决油烟污染、噪声扰民等问题。全面落实"以奖促治""以奖代补"政策，大力开展以转变生产、生活方式为核心的农村环境综合整治。组织实施农村环境连片整治，推进农村生活垃圾四级转运处理，因地制宜处理农村生活污水，加强农村无害化卫生户厕和沼气项目建设，抓好秸秆禁烧和综合利用工作，切实改善农村居住环境和能源结构。全面实施测土配方施肥技术，大幅度减少农药、化肥使用量。努力加快形成以城市群为主体、特大城市和大城市为支撑、中小城市为依托、小城镇为纽带、新型村庄为基础的城乡空间格局，形成结构完善、布局合理、均衡配置、覆盖城乡的公共服务设施体系，形成特色鲜明、功能互补、和谐相容的现代城乡形态，形成生态宜居、环境优美、舒适便利的城乡人居环境。2016 年，京津冀、长三角、珠三角三个区域的 PM 2. 5 平均浓度较 2013 年都下降了 30% 以上。全国酸雨区面积占国土面积比例由历史高点的 30% 左右下降到了 2016 年的 7. 2% 。森林覆盖率由 21 世纪初的 16. 6% 提高到 22% 左右。中国积极参与全球环境治理，迄今为止，已批准加入 30 多项与生态环境有关的多边公约或议定书，引导应对气候变化的国际合作，成为全球生态文明建设的重要参与者、贡献者、引领者。

中国共产党第十八次全国代表大会提出"美丽中国"的概念，强调把生态文明建设放在突出地位，融入经济建设、政治建设、文化建设、社会建设各方面和全过程。十八大也提出了关于生态文明建设的新方针，提出坚持节约资源和保护环境的基本国策，坚持节约优先、保护优先、自然恢复为主的方针，着力推进绿色发展、循环发展、低碳发展，形成节约资源和保护环境的空间格局、产业结构、生产方式，从源头上扭转生态环境恶化趋势，为人民创造良好生产生活环境，为全球生态文明作出贡献。在实践过程中，一是优化国土开发格局。要按照人口资源环境相均衡、经济社会生态效益相统一的原则，控制开发强度，强调空间结构，促进生产空间集约高效、生活空间宜居适度、生态空间山清水秀，给自然留下更多修复空间，给农业留下更多良田，给子孙后代留下天蓝、地绿、水净的美好家园。加快实施主体功能区战略，推动各地区严格按照主体功能定位发展，构建科学合理的城市化格局、农业发展格局、生态安全格局。提高海洋资源开发能力，坚决维护国家海洋权益，建设海洋强国。二是全面促进资源节约。要集约利用资源，推动资源利用方式根本转变，加强全过程节约管理，大幅降低能源、水、土地消耗强度，提高利用率和效益。推动能源生产和消费革命，支持节能低碳产业和新能源、可再生能源发展，确保国家能源安全。加强水源地保护和用水总量管理，建设节水型社会。严守耕地保护红线，严格土地用途管制。加强资源勘查、保护、合理开发。发展循环经济，促进生产、流通、消费过程的减量化、再利用、资源化。三是加大自然生态环境保护力度，实施重大生态恢复工程，增强生态产品生产能力，推进荒漠化、石漠化、水土流失综合治理。加快水利建设，加强防灾减灾体系建设。坚持预防为主，综合治理，以解决损害群众健康突出环境问题为重点，强化水、大气、土壤等污染防治。坚持共同但有区别的责任原则、公平原则、各自能力原则，同国际社会一道积极应对全球气候变化。四是加强生态文明制度建设。要把资源消耗、环境损害、生态效益纳入经济社会发展评价体系，建立体现生态文明要求的目标体系、考核办法、奖惩机制。建立国土空间开发保护制度，完善最严格的耕地保护制度、水资源管理制度、环境保护制度。深化资源性产品价格和税费改革，建立反映市场供求和资源稀缺程度、体现生态价值和代际补偿的资源有偿使用制度和环境损害赔偿制度。加强生态文明宣传教育，增强全民节约意识、环保意识、生态意识，形成合理消费的社会风尚，营造爱护生态环境的良好风气。这些实践活动的转向使人们更加自觉地珍爱自然，更加积极地保护生态，努力走向社会主义生态文明新时代。[①]

① 杨多贵、周志田、陈劭锋：《我国人与自然和谐发展面临的挑战及其战略选择》，《上海经济研究》2005年第4期。

三　生态文明建设实践的创新之处

生态文明的建设拓展和提升了既有的物质文明、政治文明、精神文明发展路径，并且已经和三种文明共同构成了社会主义发展历程的四个阶段，是社会主义现代化建设的第四个基本目标。它的建设使中国特色社会主义的理论和实践更加成熟和完善，有着极其重要的时代意义。[①] 从文明形态发展的高级阶段来看，生态文明实践具有以下四个方面的创新之处。

第一，在文化价值观上，人们对自然的价值有明确的认识，树立起符合自然生态原则的价值需求、价值规范和价值目标。生态文化、生态意识成为大众文化意识，人们在改造自然的活动中能够树立正确的自然观，自觉提高对自然的本质和规律的正确认识，生态道德成为民间道德并具有广泛的社会影响力。意识的生态化是指确立生态价值观和生态伦理新规范。意识是行动的先导，生态文化的核心就是人的环境意识，这就决定了通过文化生态化来促进人的生态化，首先要从人对自然的认识、理解和态度或环境意识进行变革，摒弃反自然的文化，树立科学的生态意识。作为生态精神文化的生态意识是一种新型的生态文明价值观，它把自然、社会和人作为一个复合生态系统，强调其整体运动规律和对人的综合价值效应；它追求经济、社会和生态综合效益的最大化，能够最优化地分析、协调和解决社会与自然的关系。科学的生态意识也是新型的生态伦理观，它强调人对自然的利用和改造要限制在地球生态条件所允许的限度内；它注重从生态价值的角度审视人生的目的，既看到自然界给予人类的资源、环境等物质财富，又看到良好的生态环境能陶冶情操、美化心灵，对人类的发展具有重要的文化价值，从而引导人们自觉维护发展的生态基础。

第二，在生产方式上，转变高生产、高消费、高污染的工业化生产方式，以生态技术为基础实现社会物质生产的生态化，使生态产业在产业结构中居于主导地位，成为经济增长的主要源泉。生产方式变革和生活方式的低碳化，一是摒弃了传统的掠夺自然的生产方式和高投入、高能耗、高污染、低效益的发展模式，发展循环经济。二是建立了可持续的消费观，

① 高吉喜等：《生态文明建设区域实践与探索》，中国环境科学出版社 2010 年版，第 19—20 页。

在生产、生活、生态“三生”和谐中获得真正意义上的幸福，在经济、社会、环境“三维”发展中实现人自身的全面进步与发展。

第三，在生活方式上，人们的追求不再是对物质财富的过度享受，而是一种既满足自身需要又不损害自然生态的生活。只有将人与自然平等相处、和谐共生的生态文明价值理念内化为个体的内在需求和自觉行为，生态文明建设才有持久的动力源泉，个人自觉行动的机制是全社会推进生态文明建设的微观基础。[①] 人的发展归根到底是指人的本质力量的发展，实质就是人从自然、社会和自己的关系中获得解放而对自己本质的全面占有，即通过社会实践创造人与自然、人与社会和人与自己的全面关系来全面创造自己的本质，丰富和完善人的本质力量。因此，人的全面发展不仅指人的智力、体力、才能、创造力及各种潜能的充分发展，不仅体现在高度发展的物质文明、政治文明和精神文明中，也体现在高度发展的生态文明中。人的全面发展不仅是历史的过程，也是动态的和不断推进的过程，这一过程要经过朝着全面发展方向的个人发展的不断积累，才能最终实现。

人的生态化关注人的生态化人格塑造和综合素质的提高，使人不但能够在观念上而且能够在实践中全面把握和实现人与自然的辩证统一关系，这也正是人的本质力量和人的全面发展重要过程的具体体现。生态文明作为一种崭新的人类文明形态，其发育、发展需要一种新的文明主体形态来进行表征、创造和建设。它要求人作为社会文明发展的主体承担者，必须对自身的发展目标作出相应调整，以适应生态文明新形态和新发展观对其新主体的要求，真正承担起生态文明新主体的使命。

人作为物质生产实践的主体，同时也应作为生态文明建设的主体。人的主体地位决定了人在与自然关系中处于能动地位。要真正实现从工业文明到生态文明的彻底转型，就必须实现人自身发展的生态化转向，从单纯的生态环境的消费者转向生态环境的保护者、生态文明的建设者，这是生态文明对其主体承担者的现实要求。同时，随着人的生态化发展程度的提高，参与生态文明建设的积极性会不断增强，参与能力尤其是治理环境污

① 邓玲：《探索生态文明建设的“融入”路径》，《光明日报》2013 年 1 月 23 日第 11 版。

染、改善自然生态的科学技术能力也会不断发展，这也为生态文明的建设和发展提供了强大的物质和精神力量。

第四，在社会结构上，表现为生态化渗入社会结构中，但这只是社会的某些方面而不是整个社会结构发生变化。人类文明进程发展到从价值观念到生产方式，从科学技术到文化教育，从制度管理到日常行为都发生深刻变革，标志着文明形态开始发生变化。我们目前所处的时代生态文明已初露端倪。

环境制度是生态文化的重要组成部分，通常包括生态环境保护的方针政策、法律法规、管理体制与运行机制等。制度的生态化，就是环境保护体制的改革和环境政策创新，形成人性与生态性相统一的、更合理的环境保护制度体系。具体而言，一是发挥了对人们环境行为的约束、规范与调节作用，减少和避免环境污染与破坏行为；二是扩大公众环境权益，创造公众参与的利益激励机制，并通过责、权、利的合理安排激励公众对环境污染行为进行监督和制约，使其成为环境保护的基本力量；三是加大了对民间环保团体和非政府组织的政策支持力度，以凝聚和整合各种社会力量参与环境保护，形成多角色合作的环境治理机制。

四　生态文明建设的创新范例：美丽浙江建设

美丽浙江建设是美丽中国建设的有机组成部分，既体现为生产集约高效、生活宜居适度、生态山清水秀，也体现为百姓生活富足、人文精神彰显、社会和谐稳定，反映了生态文明建设的目标指向，顺应了人民群众对美好生活的新期待。推进生态文明、建设美丽浙江的探索实践，对全国具有重要的借鉴意义。

党的十八大报告首次提出“加强生态文明制度建设”。这一命题意义重大，并且富有浙江元素。浙江省历任省委书记都积极倡导生态保护，十分重视环境绿化，非常强调综合治理。浙江省生态文明建设大致分为四个阶段，即“绿色浙江—生态省—生态浙江—美丽浙江”。这种生态文明的目标演进，表现为“一张蓝图绘到底”的政策连贯性，同时又具有内涵和层次的递进性。这是在继承中创新的一个典范。绿色浙江建设、生态省建设、生态浙江建设、美丽浙江建设等，均是不同时期浙江省生态文明建设目标的集中概括。

2002 年 6 月，浙江省第十一次党代会提出建设“绿色浙江”目标。时任省委书记张德江指出：建设“绿色浙江”是我省实现可持续发展的大事。必须从全局利益和长远发展出发，把发展绿色产业、加强环境保护和生态建设，放在更加突出的位置。2003 年，浙江省委、省政府作出建设生态省的战略决策。当年 7 月，时任省委书记习近平在省委十一届四次全会报告中，把“进一步发挥浙江的生态优势，创建生态省，打造‘绿色浙江’”纳入“八八战略”，打通了发展绿色经济和营造绿色环境的关节点，标志着生态环境保护上升到绿色发展的战略层面。

浙江省把建设“绿色浙江”和实现发展模式的绿色转型统一起来，突出以环保优化发展，以改变生产方式和调整产业结构为着力点，着力协调好经济与环境的关系。从率先编制生态环境功能区规划到首创空间、总量、项目“三位一体”的新型环境准入制度，从狠抓三轮“811”专项行动[①]到开展“十二五”重污染高能耗行业整治提升，从推进清洁生产、循环经济到把节能环保产业列为战略性新兴产业，形成了标准引领、准入把关、监管倒逼、减排推动、整治促进、服务助推等有效抓手，切实强化了绿色引领发展的战略导向，优化了区域生产力布局，淘汰了一大批落后产能，加快了传统产业生态化改造步伐，拓展了绿色产业、绿色经济的发展空间，浙江省可持续发展能力、GDP 发展质量、绿色发展水平保持全国前列。“十一五”时期以相当于全国平均水平 70% 和 49%、59% 的单位 GDP 能耗和单位 COD、SO_2 排放量强度，支撑了年均 11.8% 的 GDP 增长。[②]

随着“绿色浙江”取得显著成就之后，浙江省继而提出了“生态省建设”。从 2003 年提出建设生态省到 2010 年省委作出推进生态文明建设的

---

① “811”行动：浙江“811”环境污染整治行动中的“8”，是指全省八大水系及运河、平原河网，“11”既指 11 个设区市，又指 11 个省级环境保护重点监管区。11 个省级环境保护重点监管区包括椒江外沙、岩头化工医药基地，黄岩化工医药基地，临海水洋化工医药基地，上虞精细化工园区，东阳南江流域化工企业，新昌江流域新昌嵊州段，衢州沈家工业园区化工企业，萧山东片印染、染化工业，平阳水头制革基地，温州市电镀工业，长兴蓄电池工业。此次整治行动列出的重点行业包括化工、医药、制革、印染、味精、水泥、冶炼、造纸等 8 个重污染行业，重点包括 573 家省级环境保护重点监管企业以及 27 家钱塘江流域氨氮排放重点源企业。

② 苏小明：《生态文明建设的浙江实践与创新》，《观察与思考》2014 年第 4 期。

决定，再到2012年省第十三次党代会将“坚持生态立省方略，加快建设生态浙江”作为建设物质富裕精神富有现代化浙江的重要任务，“生态浙江”如一根红线贯穿始终，由虚到实，最终成为现代化建设和生态文明建设的目标追求。正如党的十八大报告所强调的，“把生态文明建设放在突出地位，融入经济建设、政治建设、文化建设、社会建设各方面和全过程”，“富饶秀美、和谐安康”的“生态浙江”指向的是生产发展、生活富裕、生态良好的文明发展道路，体现的是全社会生态文明水平。“生态浙江”建设离不开生态经济、生态环境的支撑，也离不开生态文化的引领，要把人们的行为意识作为衡量全社会生态文明水平的标志。浙江省历来着力推进生态理念传播和生态道德养成，创设多种载体和渠道，扎实开展生态文明宣传教育、群众性生态创建活动、环保制度建设和环保公众参与，不断强化生态文明的信念支撑、道德规范和制度约束，构建了共建共享生态文明的社会行动体系，发挥了人的积极性，激发了改善环境质量、优化经济发展、保障公众权益的社会协同效应。

浙江省自生态改革以来，在生态建设上开花结果，取得了显著的成就。近年来，浙江省生态建设上升到一个新阶段，提出了“美丽浙江建设”。党的十八大报告提出建设美丽中国，承继了中华民族伟大复兴的中国梦，展望了生态文明建设的美好前景。与此紧密联系、高度契合，浙江省委、省政府及时提出全面推进“美丽浙江”建设。“美丽浙江”准确概括了生态文明建设的外在表现，是一种终极的、理想的追求。从这个意义上说，生态环境优美宜居是“美丽浙江”的首要条件和显著标志。这些年，浙江省生态环保领域的一系列部署，包括三轮“811”专项行动、污染减排、重污染高能耗行业整治提升、农村环境连片整治、“四边三化”行动、生态示范创建等，都是建设“美丽浙江”的具体实践，全省环境质量自2007年实现转折性改善以来，持续保持稳中向好势头，生态环境状况指数位居全国第二位，集中体现了“既要金山银山，也要绿水青山”的“美丽浙江”建设成果。

总之，浙江省在推进绿色浙江建设、生态省建设、生态浙江建设的各个时期均在生态文明制度建设尤其是生态经济制度建设方面作出了积极探索，取得了显著成效，形成了“浙江样本”。实践表明，浙江省生态文明建设取得了巨大成就。发达国家以两三百年的时间完成了工业化，浙江仅仅用了二三十年的时间；发达国家以短则三五十年、长则上百年的时间实现生态环境质量的根本好转，浙江则仅仅用了十多年时间。浙江的经济建设是一个奇迹，浙江的生态文明建设也是一个奇迹。浙江省生态文明建设的实践经验对全国乃至世界提供了巨大的借鉴意义。浙江省对推进生态文明建设的认识和实践也经历了一个不断深化的过程。随着十年绿化浙江、建设绿色浙江等工作的部署实施，特别是生态省建设工作的扎实推进，生态环境保护和建设取得了显著成效，为推进生态文明建设奠定了良好基础。在新的形势下，进一步巩固已有成果，做好继承与创新，全面推进浙江省生态文明建设，努力走在全国前列，依然是摆在浙江省面前的一项重大战略任务。

生态文明建设功在当代，利在千秋。我们要牢固树立社会主义生态文明观，推动形成人与自然和谐发展现代化建设新格局，为保护生态环境作出我们这代人的努力。

实 践 篇

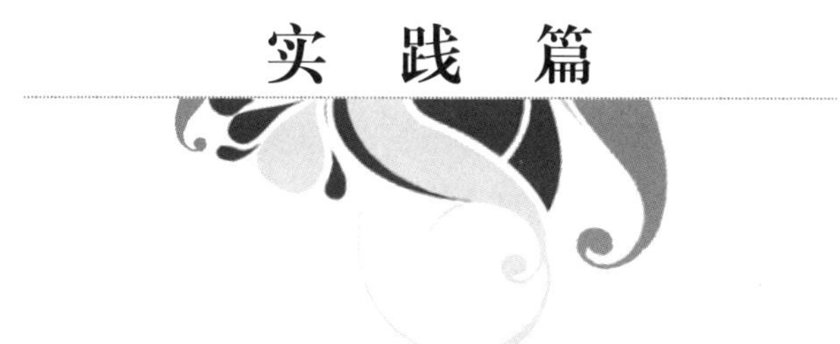

第二章　生态战略与生态制度建设

生态环境是人类社会生存的重要物质基础，也是一个国家或地区经济社会可持续发展的必要条件。因此，保护生态环境，建设生态文明，不仅关涉经济社会发展的重大任务，也关涉人民福祉、民族未来的长远大计。习近平同志指出："走向生态文明新时代，建设美丽中国，是实现中华民族伟大复兴的中国梦的重要内容。"① 要建设生态文明，走向生态文明新时代，生态文明制度建设是关键。浙江省不仅在市场经济体制改革中引领了民营经济发展的浪潮，在生态文明的新浪潮中也始终干在实处、走在前列，并取得了骄人的业绩，被赋予"浙江模式"、"浙江经验"和"浙江奇迹"等众多美誉。浙江省进行现代化建设是在陆地地域小省、自然资源小省、环境容量小省的地域情况下进行的，并率先开始生态文明建设，因此也率先遭遇到众多发展中的困境。正是这种在先天不足中建设起来的浙江经验，对全国生态文明建设才更有借鉴意义。

生态文明建设是一项庞大的系统工程，十八届三中全会明确提出以"系统完整的生态文明制度体系"作为推进战略；继十八大提出"大力推进生态文明建设"后，十九大报告进一步明确了"加快生态文明体制改革，建设美丽中国"的生态发展战略。本章从三个部分梳理浙江省推进生态文明战略和制度建设过程：（1）战略构思——厘清"绿水青山就是金山银山"、"'凤凰涅槃'与'腾笼换鸟'"为战略纲领的生态文明战略的发

---

① 《习近平致生态文明贵阳国际论坛2013年年会的贺信》，《人民日报》2013年7月21日第1版。

轫；（2）历史脉络——探讨浙江省生态文明建设从绿色浙江—生态浙江—美丽浙江的历史进程；（3）生态制度构建和规划的浙江样本——强调建立制度、激发推进生态文明制度建设和实施的动力，完善体制、形成推进生态文明制度建设和实施的合力，开启众智、凝聚推进生态文明制度建设和实施的共识，多措并举、强化推进生态文明制度建设和实施的保障。

第一节　纲领与战略："两山论"与"两只鸟论"

"两山论"和"两只鸟论"是习近平生态思想的重要论断，从"两山论"的提出到党的十八大首提"美丽中国"、将生态文明纳入"五位一体"总体布局，习近平总书记从中国特色社会主义事业的战略高度，对生态文明建设提出了一系列新思想、新观点、新论断。十年来，习近平在各类场合有关生态文明的讲话、论述、批示超过 60 次。这些重要论述为实现中华民族永续发展和中华民族伟大复兴的中国梦规划了蓝图，为建设美丽中国提供了根本的遵循方向。

浙江省的生态文明建设既是习近平"两山论"思想的发源地，也为全国"两山论"思想模式提供了骄人的浙江样本。因此，理性挖掘和审视浙江省在生态文明建设领域的历程、实践和经验，不仅对于推进浙江省生态文明建设具有指导意义，而且对进一步推进中国生态文明建设也具有一定的参考价值。

一　绿水青山就是金山银山

"生态兴则文明兴，生态衰则文明衰。"[①] 回顾 21 世纪以来浙江省生态文明建设的历史进程，浙江省对生态文明建设与经济社会发展之间的内在关系早已有着自觉而深刻的认识，"两座山"理论就是这种认识的高度概括和集中体现。一个国家和区域经济社会的发展，需要一定的纲领和理念进行引导。作为一种纲领，"两座山"理论是打造"绿色浙江"，推进生态省建设和"美丽浙江"建设的指导战略；作为一种理念，"两座山"理

① 习近平：《生态兴则文明兴——推进生态建设　打造"绿色浙江"》，《求是》2003 年第 13 期。

论是落实科学发展观，建设“美丽浙江”的重要内容。作为浙江生态建设的重大战略，“两座山”理论完美契合生态现代化精神，符合生态需求递增规律、生态价值增值规律、生态经济协调发展规律等发展规律，从理论上回答了浙江为什么要发展，如何科学地发展等深层次的问题。

2003 年 8 月 8 日，习近平从认识论的角度对“两座山”理论进行了初步的思考。他认为：“‘只要金山银山，不管绿水青山’，只要经济，只重发展，不考虑环境，不考虑长远，‘吃了祖宗的饭，断了子孙的路’而不自知，这是认识的第一阶段；虽然意识到环境的重要性，但只考虑自己的小环境、小家园而不顾他人，以邻为壑，有的甚至将自己的经济利益建立在他人环境的损害上，这是认识的第二阶段；真正认识到生态问题无边界，认识到人类只有一个地球，地球是我们的共同家园，保护环境是全人类的共同责任，生态建设成为自觉行动，这是认识的第三阶段。”①

2006 年 3 月 23 日，习近平在《浙江日报》“之江新语”专栏发表的《从“两座山”看生态环境》一文中进一步从金山银山与绿水青山对立统一的角度做了更为完整、更为严谨的表述：“我们追求人与自然的和谐、经济与社会的和谐，通俗地讲，就是要‘两座山’：既要金山银山，又要绿水青山。这‘两座山’之间是有矛盾的，但又可以辩证统一。”他进一步指出：人们“在实践中对这‘两座山’之间关系的认识经过了三个阶段：第一个阶段是用绿水青山去换金山银山，不考虑或很少考虑环境的承载能力，一味索取资源。第二个阶段是既要金山银山，但是也要保护住绿水青山，这时候经济发展与资源匮乏、环境恶化之间的矛盾开始凸显出来，人们意识到环境是我们生存发展的根本，要留得青山在，才能有柴烧。第三个阶段是认识到绿水青山可以源源不断地带来金山银山，绿水青山本身就是金山银山，我们种的树就是摇钱树，生态优势变成经济优势，形成了一种浑然一体、和谐统一的关系。这一阶段是一种更高的境界，体现了科学发展观的要求，体现了发展循环经济、建设资源节约型和环境友好型社会的理念”②。正是基于“两座山”关系的正确认识，习近平对那

① 习近平：《之江新语》，浙江人民出版社 2007 年版，第 13 页。

② 同上书，第 186—187 页。

些“经济决定论”的政绩观提出了严肃的批评，他指出“破坏生态环境就是破坏生产力，保护生态环境就是保护生产力，改善生态环境就是改善生产力，经济增长是政绩，保护环境也是政绩”。“再走‘高投入、高消耗、高污染’的粗放经营老路，国家政策不允许，资源环境不允许，人民群众也不答应。”① 他告诫各级政府、各级领导、各类企业和全体公民：“不重视生态的政府就是不清醒的政府，不重视生态的领导是不称职的领导，不重视生态的企业是没有希望的企业，不重视生态的公民不能算是具备现代文明意识的公民。”② 因此，环境保护和生态建设，早抓事半功倍，晚抓事倍功半。

习近平以“两座山”作为形象比喻，系统地总结了浙江省生态文明建设的既有实践，厘清了生态环境与经济社会发展的辩证关系，把握住了生态发展和经济社会相互协调的规律，为浙江省进一步推进生态文明建设指明了方向。纵观习近平关于“两座山”理论的基本观点，可以发现“两座山”理论具有以下几个明显的特点。

第一，现实针对性。习近平是在对“高投入、高消耗、高污染、高增长”的传统发展模式反思及对“吃祖宗饭、断子孙路”的错误发展观进行严肃批评的基础上，提出了“两座山”理论。改革开放过程中暴露出的问题层出不穷。因此，顶层设计必定是解决问题的指路牌，如果不对错误的发展观进行批判，就不可能树立正确的发展观。实际上，习近平主政浙江时提出的“八八战略”③ 就是科学发展观在浙江的生动体现，其中之五

---

① 习近平：《干在实处　走在前列——推进浙江新发展的思考与实践》，中共中央党校出版社2006年版，第23页。

② 同上书，第186页。

③ “八八战略”：一是进一步发挥浙江的体制机制优势，大力推动以公有制为主体的多种所有制经济共同发展，不断完善社会主义市场经济体制；二是进一步发挥浙江的区位优势，主动接轨上海，积极参与长江三角洲地区合作与交流，不断提高对内对外开放水平；三是进一步发挥浙江的块状特色产业优势，加快先进制造业基地建设，走新型工业化道路；四是进一步发挥浙江的城乡协调发展优势，加快推进城乡一体化；五是进一步发挥浙江的生态优势，创建生态省，打造“绿色浙江”；六是进一步发挥浙江的山海资源优势，大力发展海洋经济，推动欠发达地区跨越式发展，努力使海洋经济和欠发达地区的发展成为我省经济新的增长点；七是进一步发挥浙江的环境优势，积极推进以“五大百亿”工程为主要内容的重点建设，切实加强法治建设、信用建设和机关效能建设；八是进一步发挥浙江的人文优势，积极推进科教兴省、人才强省，加快建设文化大省。

就是“进一步发挥浙江的生态优势，创建生态省，打造‘绿色浙江’”。“八八战略”是浙江省十多年来推进科学发展的指导思想，并将继续引领浙江的生态发展。

第二，理论的逻辑递进性。“两座山”理论的第一层次是否定“只要金山银山，不要绿水青山”的片面论，第二层次是提出“既要绿水青山，又要金山银山”的兼顾论，第三层次是指出了“绿水青山就是金山银山”的科学发展观，第四层次是以极端的方式表达了“宁要绿水青山，不要金山银山”的训诫观。正是这种理论的逻辑递进性，才能把理论提升到战略高度，在主政浙江期间习近平把生态文明建设提升到“八八战略”的高度，在主政中央以来习近平又把生态文明建设提升到“五位一体”总体布局的高度。[①]

第三，语言的广泛群众性。“两座山理论”通俗易懂，朗朗上口，代表了群众的心声，非常“接地气”，很容易转化为群众的自觉实践，既具有思想的深刻性，又具有语言的群众性。

二　“凤凰涅槃”与“腾笼换鸟”

浙江省极具特色的生态文明建设，既是对全国范围内资源环境问题的积极反思，更是浙江省可持续发展的需要。目前，浙江省生态文明建设的基本国情是：人口多，人均资源占有量少；污染日益严重；生态系统退化，森林、湿地、草地退化程度高。城镇化进程快，城市化率人口新增百分之一就要新增建设用地 3460 平方千米，这将导致城镇占用更多的耕地资源。随着城市化的不断推进，人口急剧扩容，建筑物总量相应增加。它不仅占用土地，消耗能源和物资，还产生废水、废气和固体垃圾。浙江省的城市化不仅消耗了大量的省内、国内资源环境需求，还消耗了大量国际进口资源，其主要表现在铁矿石、石油、天然气等方面。习近平到浙江工作时，正值党中央提出科学发展观重要战略思想。从公开文献可以看到，无论是在省委全会上做报告，还是在全省经济工作会议上讲话，抑或是 2004 年 2 月参加省部级主要领导干部专题研究班发言，“调结构、转方

---

① 潘家华：《中国梦与浙江实践：生态卷》，社会科学文献出版社 2015 年版，第 6 页。

式”始终是习近平施政浙江的一项重要内容。“腾笼换鸟、凤凰涅槃”的思想也正是在这个时期逐渐形成的。习近平曾说，推进经济结构的战略性调整和增长方式的根本性转变，概括起来主要是两项内容，打个通俗的比喻，就是养好“两只鸟”：一个是“凤凰涅槃”，另一个是“腾笼换鸟”。

所谓“凤凰涅槃”，习近平曾用“三只猎犬”的故事进行生动解释。他说，非洲猎犬个头小，但是群体狩猎，面对比它大很多的斑马，三只猎犬精确分工，一只咬后腿，一只咬前腿，一只咬脖子，干掉一匹斑马。猎犬式分工使得浙江众多中小企业有效降低了生产成本，制造出物美价廉的产品。但是企业想要多赚钱，却做不到“物美而价高”，究其原因就是没有自己的品牌。差不多质量的皮鞋，没有品牌就只卖二三十元钱，如果是国内驰名商标则可卖到几百、上千元，如果是国际名牌甚至可以卖到上万元。价格上升的空间非常之大，这就是凤凰涅槃、脱胎换骨。

所谓“腾笼换鸟”，就是按照统筹区域发展要求，积极参与全国的区域合作和交流，为浙江的产业高度化腾出发展空间。同时，把“走出去”和“引进来”结合起来，引进优质的外资和内资，促进产业结构的调整，弥补产业链的短项，对接国际市场，从而培育和引进吃得少、产蛋多、飞得高的“俊鸟”。

“腾笼换鸟”，方能“凤凰涅槃”。旧的走不下去，自然要换新的。这就是所谓的“老鸟不走，新鸟不来”。什么是“新鸟”换“老鸟”？表面上看是用新兴产业替代传统产业，但这不是什么新思路，在这个关口提“两只鸟”显然还有更特殊的意义。“两只鸟论”的内涵是为了推进经济结构的战略性调整和增长方式的根本性转变。尽管“两只鸟”理论不是新的提法，但是契合中国当前的总体局势，体现了思想上的实事求是和行动上的尊重实践。在实现转型和经济换挡过程中，“两只鸟论”有望打破当前存在的观望气氛，有利于凝聚全国上下共识，助力中国经济实现稳中有序发展。早在十余年前，浙江人就率先认识了“两只鸟”。2006 年，习近平以“哲欣”为笔名发表的文章《从“两只鸟”看浙江经济发展结构调整》，这一提法正式亮相。在习近平当时的论述中，“两只鸟”分别有着不同的侧重部署。所谓“凤凰涅槃”，是摆脱对粗放型增长的依赖，大力提高自主创新能力，以信息化带动工业化，打造先进制造业基地，发展现代服务业，变制造为创造，变贴牌为创牌，实现企业和产业的浴火重生、脱胎换骨。而“腾笼换鸟”则有两层意思：对地区来说，一定要积极参与全国区域合作和交流，为产业高度化腾出发展空间；二是把“走出去”和“引进来”结合起来，对接国际市场，从而培育和引进吃得少、产蛋多、飞得高的“俊鸟”。“两只鸟”起飞于浙江，而如今被放在全国，这是因为目前全国正经历着和浙江相同的“气候”。“腾笼换鸟”“凤凰涅槃”既切合实施经济结构调整之需，也是对改革本义的间接阐释。在爬坡过坎的紧要关头，它对于促进经济巨轮的稳健前行，有着至关重要的意义。从习总书记的系列言论中可以看出，无论是“凤凰涅槃”还是“腾笼换鸟”，浙江都将打破过去固有的增长模式，找到新的经济引擎，重新树立可持续的增长方式。习近平总书记明确提出涅槃“应该是靠自主创新，技术的创新、品牌的创新”。

“两只鸟论”语义通俗，内涵却十分深邃。当前，在发展速度换挡、发展方式转变、经济结构调整、增长动力转换的关键时期，“两只鸟论”为浙江省找到发展新动力提供了重要的遵循路径。其中，至少包含四个关键词。

关键词一：改革。全面深化改革，无疑是当代中国发展进步最强有力的引擎。在“腾笼换鸟，凤凰涅槃”的过程中，体制机制改革尤为重要。习近平强调，坚决破除体制机制障碍，形成一个同市场完全对接、充满内在活力的体制机制，是推动工业振兴的治本之策。

关键词二：创新。习近平最初提到“两只鸟论”时已明确指出，“凤凰涅槃脱胎换骨靠什么，应该是靠自主创新，技术的创新、品牌的创新”。党的十八大以来，习近平总书记在很多场合谈创新。他强调我们的科技创新同国际先进水平还有差距，当年我们依靠自力更生取得巨大成就，现在国力增强了，我们仍要继续自力更生，核心技术靠化缘是要不来的。习近平说他看到一份材料，讲的是“机器人革命”有望成为“第三次工业革命”的一个切入点和重要增长点，将影响全球制造业格局，而且我国将成为全球最大的机器人市场。习近平说：“我就在想，我国将成为机器人的最大市场，但我们的技术和制造能力能不能应对这场竞争？”[①] 由此可见，

---

① 习近平：《在中国科学院第十七次院士大会、中国工程院第十二次院士大会上的讲话》，《人民日报》2014 年6 月10 日第1 版。

创新驱动发展在实践“两只鸟论”中的重要意义。试想，如果不能“腾笼换鸟”，不能“凤凰涅槃”，还是傻大笨粗、瓜菜代（以副代主），我们靠什么去应对这场竞争？

关键词三：舍得。所谓“腾笼换鸟”，正是对“舍”与“得”的辩证把握。“老鸟”不走，“新鸟”不来；“新鸟”进笼，“老鸟”去哪？2013 年 4 月，习近平主持召开中共中央政治局常务委员会会议，研究经济形势和经济工作，强调要扎实推进产业转型升级，积极推进产能过剩行业调整，坚决遏制产能过剩和重复建设，推动战略性新兴产业发展，支持服务业新型业态和新型产业发展。2013 年 7 月，习近平在同党外人士座谈时强调，“要坚持统筹稳增长、调结构、促改革，处理好具有全局性影响的问题，促进经济持续健康发展”，“要大力推进产业结构调整，坚持把化解产能过剩作为产业结构调整的重点”。中国经济进入新常态，经济增长不能再像以前那样靠投资拉动，而必须抓住经济“减挡期”加速化解产能过剩，推动产业转型升级。2018 年 4 月，习近平在深入推动长江经济带发展座谈会上的讲话也指出，“推动长江经济带高质量发展要以壮士断腕、刮骨疗伤的决心，积极稳妥腾退化解旧动能，破除无效供给，彻底摒弃以投资和要素投入为主导的老路，为新动能发展创造条件、留出空间，进而致力于培育发展先进产能，增加有效供给，加快形成新的产业集群，孕育更多吃得少，产蛋多，飞得远的好鸟”，实现腾笼换鸟、凤凰涅槃。①

关键词四：统筹。“统筹”，是习近平治国理政思想的一个重要特色。在浙江工作时，他提出“坚持‘走出去’和‘引进来’相结合，立足浙江发展浙江和跳出浙江发展浙江并举，充分利用‘两种资源、两个市场’，进一步拓展发展空间”。到中央工作后，习近平高度重视国内国际两个市场、两个大局，把“鸟笼子”放在全球视野中去观察，寻求更为广阔的“腾挪空间”。

---

① 习近平：《在深入推动长江经济带发展座谈会上的讲话》，《人民日报》2018 年 6 月 14 日第 2 版。

第二节　思路与历程：从“绿色浙江”到“美丽浙江”

“两山论”和“两只鸟论”理论是“以美丽中国为目标的生态文明建设”的重要指导思想。“美丽中国”是一个极具浙江元素的概念和目标，对于指导浙江生态建设更具有现实针对性。因此，浙江省历届省委、省政府都不遗余力地予以推进。纵观21世纪以来浙江省生态文明建设的历程和思路，我们发现，在“绿水青山就是金山银山”的生态现代化理念的勾勒下，在“凤凰涅槃”与“腾笼换鸟”的现代生态经济观的引领下，浙江省在努力保持经济社会持续发展的同时，坚持不懈地紧抓生态文明建设，相继提出了“绿色浙江—生态浙江—美丽浙江”的发展战略，形成符合区域实际的资源节约型和环境友好型的空间格局、产业结构、生活方式，为保证浙江区域的生态环境总体质量持续名列前茅作出积极的贡献，为建设“美丽中国”提供了可贵的实践依据。

“绿色浙江”、“生态浙江”、“美丽浙江”三大战略集中体现了“绿水青山就是金山银山”理论的不同层面。三者既一脉相承，层层递进，又互为一体，是浙江省生态文明建设探索和实践的重要结晶，体现着浙江省生态文明建设的脉络和发展方向。其中，“绿色浙江”体现了绿色发展的初步构想和努力方向，“生态浙江”表现为生态立省的路径选择和目标归宿，“美丽浙江”则是生态文明建设的宏观思路和整体思考。科学处理“绿色浙江”、“生态浙江”、“美丽浙江”建设的关系，对于浙江省建设生态文明、实现可持续发展具有重要的现实意义。不仅如此，这些富有浙江特色的响亮口号和生动实践为生态文明建设目标——“美丽中国”的提出奠定了坚实的基础。

一　从“绿色浙江”到“美丽浙江”的发展历程

（一）“绿色浙江”与浙江生态文明建设的初步构想

浙江省生态文明建设起步较早，20世纪90年代，浙江省政府先后多次召开全省环保会议，合理总结和分析全省生态环境保护工作的成绩、责任和措施，发布了《关于进一步加强环境保护工作的决定》和《关于加强环境保护若干问题的通知》，组织实施了“碧水、蓝天、绿色”三大环保工程以及《浙江省污染物排放总量控制计划》、《浙江省跨世纪绿色工程规划》等多项规划。2002 年 6 月，浙江省第十一届党代表大会把建设“绿色浙江”确定为全省在新的历史阶段的战略目标。时任浙江省委书记张德江同志指出：“建设‘绿色浙江’是我省实现可持续发展的大事。必须从全局利益和长远发展出发，把发展绿色产业、加强环境保护和生态建设，放在更加突出的位置。加快发展生态农业、生态工业、生态旅游和环保产业；积极推进清洁生产，严格控制和大力治理环境污染，提高城乡环境质量；搞好生态公益林建设，加强流域综合治理，建立生态保护补偿机制，建设秀美山川。合理开发、利用和保护土地、水、矿产、森林等自然资源，努力建设资源节约型社会。”①

由此可以看出，“绿色浙江”建设的战略目标有下列三个基本特征：第一，绿色浙江建设的基础是生态建设、生态环境保护和资源节约；第二，绿色浙江建设的重心是发展包括生态农业、生态工业、生态服务业在内的生态产业；第三，绿色浙江建设不再是简单的环境保护，而是环境保护与经济增长的统筹。

2002 年 12 月，习近平在浙江省委十一届二次全会上明确提出，要积极实施可持续发展战略，以建设“绿色浙江”为目标，以建设“生态省”为主要载体，努力保持人口、资源、环境与经济社会协调发展。2003 年浙江省委十一届四次扩大会议在杭州召开，时任省委书记的习近平同志代表省委所做的报告中明确提出了“八八战略”，并把“进一步发挥浙江生态优势，创建生态省，打造‘绿色浙江’”纳入“八八战略”。由此，“绿色浙江”思想进一步得到完善，打通了发展绿色经济和营造绿色环境的关节点，标志着生态环境保护上升到绿色发展的战略层面。这也成为十多年来乃至更长时期浙江生态文明建设的基调和主旋律。

浙江省提供“绿色浙江”战略，把保护生态环境和实现发展模式的绿色转型统一起来，突出以环境优化发展，以改变生产方式和调整产业结构

① 刘迎秋：《中国梦与浙江实践：总报告卷》，社会科学文献出版社 2015 年版，第 180 页。

为着力点，着力协调好经济与环境的关系。事实上，绿色发展是生态文明建设的必由之路，也是当今世界发展的主旋律。

（二）“生态浙江”与浙江生态文明建设的持续推进

从2003年提出建设生态省，到2010年浙江省委作出推进生态文明建设的决定，试图“打造‘富饶秀美、和谐安康’的生态浙江，努力实现经济社会的可持续发展，不断提高浙江人民的生活品质”，再到2012年浙江省第十三次党代会将“坚持生态立省方略，加快建设生态浙江”作为建设物质富裕精神富有现代化浙江的重要任务，“生态浙江”犹如一根红线贯穿始终，由虚到实，最终成为浙江省现代化建设和生态文明建设的目标追求。

2003年6月，浙江省出台《关于建设生态省的决定》。8月，指导全省生态建设的纲领性文件《浙江生态省建设规划纲要》正式出台，浙江省由此拉开生态建设大幕，具体部署实施生态工业与清洁生产、生态农业与新农村环境建设、生态公益建设、万里清水河道建设、生态环境治理、生态城镇建设、下山脱贫与帮扶致富、碧海建设、生态文化建设、科教支持与管理决策“十大重点工程”，开展“811”环境治理行动，明确努力建设以循环经济为核心的生态经济体系、可持续利用的自然资源保障体系、山川秀美的生态环境保障体系、人与自然和谐的人口生态体系、科学高效的能力支持保障体系“五大体系”的目标，并将生态省建设任务纳入各级政府行政首长工作目标责任制，对生态建设和环境保护“一类目标”完成情况实行“一票否决制”。

2007年6月，浙江省第十二次党代会明确把生态文明纳入全面建设小康社会的重要目标，强调“在节约资源保护环境方面实现新突破”，努力实现“环境更加优美，生态质量明显改善，人与自然和谐相处，人民群众拥有良好的人居环境”。

2008年，浙江省政府提出实施“全面小康六大行动计划”，其中“资源节约与环境保护行动计划”的目标是通过五年努力，基本确立与社会主义市场经济体制相适应的资源节约型和环境保护长效机制，加快形成有利于节约能源资源和环境保护的产业结构、增长方式和消费模式。“行动计划”确定了实施节能降耗十大工程、节约集约用地六大工程和环境保护八大工程，积极推进生态省建设。

2010年6月，浙江省委召开十二届七次全会，全面部署生态文明建设各项工作。全会根据党的十七大关于生态文明的战略要求，全面分析当前形势，认真总结生态省建设的经验，率先在全国出台了《关于推进生态文明建设的决定》，明确提出了推进生态文明建设的总体要求、主要目标和纲领性文献，全力打造“富饶秀美、和谐安康”的“生态浙江”，努力实现浙江经济的可持续发展。

（三）“美丽浙江”与浙江生态文明建设的升华

党的十八大报告明确提出以“美丽中国”为目标的生态文明建设思路。从某种意义上说，“美丽中国”这一全国生态文明建设目标的提出与浙江有着深厚的渊源，同时又指导着以“美丽浙江”为目标的浙江省生态文明建设。2014年5月，浙江省委十三届五次全会作出了《关于建设美丽浙江　创造美好生活的决定》，认为“建设美丽浙江、创造美好生活，是建设美丽中国在浙江的具体实践，也是对历届省委提出的建设绿色浙江、生态省、全国生态文明示范区等战略目标的继承与提升……要从全局和战略的高度，把建设美丽浙江、创造美好生活作为重要工作指针，贯穿于经济社会发展全过程”①。这些年来，三轮“811”专项行动、污染减排、重污染高能耗行业整治提升、农村环境连片整治、“四边三化”行动、生态示范创建等，都是建设“美丽浙江”的具体实践，全省环境质量自2007年实现转折性改善以来，持续保持稳中向好势头，生态环境状况指数位居全国第2位，集中体现了“既要金山银山，也要绿水青山”的“美丽浙江”建设成果。

实际上，“美丽浙江”战略是浙江省生态文明建设的一种终极的、理想的追求，体现为先进的生态文化、发达的生态产业、绿色的消费模式、永续的资源保障、优美的生态环境、怡人的生态社区等的和谐统一，其建设分为2015年、2017年和2020年三个发展阶段。2015年的目标中，省“十二五”规划确定的单位生产总值能耗、主要污染排放、民生保障和社

---

① 中共浙江省委：《中共浙江省委关于建设美丽浙江，创造美好生活的决定》，《浙江日报》2014年5月24日第1版。

会公平等指标全面完成。2017 年的目标中，明确省第十三次党代会确立的生态环境质量、人民生活品质、社会文明程度等方面的目标全面完成。2020 年的目标与物质富裕精神富有现代化浙江建设目标相衔接，明确要初步形成比较完善的生态文明制度体系，以水、大气、土壤和森林绿化为主要标志的生态系统初步实现良性循环。[①] 在此基础上，再经过较长时间努力，实现“天蓝、水清、山绿、地净”，建成“富饶秀美、和谐安康、人文昌盛、宜业宜居”的美丽浙江。

从“绿色浙江”到“生态浙江”，再到“美丽浙江”，我们可以很明显地看出浙江省生态战略演进的几个主要特征。

第一，浙江省的生态战略始终立足于“人民对美好生活的向往，就是我们的奋斗目标”。“美丽浙江”的前提是人民物质富裕、政治民主、文化繁荣、社会和谐、环境优美。因此，“美丽浙江”的实现，必将引领人民走向向往的美好生活。

第二，始终坚持“一张蓝图绘到底”的接力棒精神。绿色浙江、生态浙江、美丽浙江的建设均是不同时期浙江省生态文明建设目标的集中概括。这些生态文明建设目标的表述虽有所不同，但其主线都是一脉相承的：坚持科学发展观和生态文明观，妥善处理好金山银山和绿水青山的关系，既要金山银山又要绿水青山，实现经济社会的可持续发展和人民群众的幸福安康。浙江省历届省委政府的可贵精神就是“咬定青山不放松，一任接着一任干”，把“一张蓝图绘到底”刻进骨子里。

第三，始终坚持“抓铁有痕”的钉子精神。有了正确的目标和战略部署，关键是抓实落实。习近平十分强调钉钉子精神。“811”行动便是钉钉子精神的具体体现。“811”从当年的一个代号，发展成今天浙江省环保厅工作中一个响当当的“品牌”，正是得益于这种精神。

实际上，浙江省在“既要金山银山，又要绿水青山”的生态文明观引领下，生态文明建设的战略目标从“绿色浙江”到“生态浙江”，再提升到“美丽浙江”，实际上这三者一脉相承，互为一体，是浙江省环境保护实践和认识的重要结晶，昭示着浙江省生态文明建设的脉络和方向。“绿

---

① 刘迎秋：《中国梦与浙江实践：总报告卷》，社会科学文献出版社 2015 年版，第 185 页。

色浙江”代表了绿色发展的路径选择，“生态浙江”是生态立省方略的目标归宿，“美丽浙江”则是生态文明建设的外在表现。厘清这三者的相互关系和主要内涵，协同推进“绿色浙江”“生态浙江”“美丽浙江”建设，对于建设生态文明、实现可持续发展具有重要的理论意义。此外，建设美丽浙江、创造美好生活是贯彻落实党的十八大、十八届三中全会和习近平总书记系列重要讲话精神的战略举措，顺应时代发展新要求和人民群众新期待，是中国梦和美丽中国在浙江的生动实践，具有重要的现实意义。

二 从“绿色浙江”到“美丽浙江”建设的战略内容

在“两山论”重要思想的指引下，绿色浙江、生态浙江、美丽浙江建设取得了巨大成就。按照习近平总书记“干在实处永无止境，走在前列要谋新篇”的要求，“十三五”时期美丽浙江建设需要更新、更高、更远的战略目标。

（一）实施自然资源的高效化战略，促进资源能源的高效循环利用

浙江省针对“地域小省”、“资源小省”的省情，十分重视资源节约，早在2005年就编制出台了《浙江省循环经济发展纲要》，响亮地提出了实施循环经济“991”行动计划，即发展循环经济的九个重点领域、“九个一批”示范工程和100多个重点项目。[①] 它提出要实施自然资源高效化战略，优化自然资源的投入结构并提高自然资源生产率。自然资源高效化就是通过创新提高自然资源的利用效率和效益，努力提高单位水资源的产出、单位能耗的产出等资源生产率，以缓解自然资源供求矛盾。就可再生资源而言，要保持可再生资源的开发速率与再生速率的平衡，打击竭泽而渔、杀鸡取卵的做法，保障可再生资源的可持续供给。就不可再生资源而言，要保障资源的集约式开发、无害化开发，要保障资源的高效率和高效益使用，在企业、园区和社会实现资源的多个层次的循环。就资源投入结

① 潘家华：《中国梦与浙江实践：生态卷》，社会科学文献出版社2015年版，第21页。九个一批示范工程具体内容为：（一）建设一批循环经济示范企业；（二）建设一批生态工业示范园区；（三）建设一批生态农业示范园区；（四）建设一批绿色建筑和绿色社区；（五）建设一批“四节”示范工程；（六）扶持一批政府鼓励使用的绿色产品；（七）建设一批循环经济技术开发和应用示范工程；（八）建设一批废弃物处置和回收项目；（九）制定一批促进循环经济发展的政策法规。

构而言，要改善资源投入结构，加大可再生资源开发力度。自然资源高效化的根本途径，一是通过技术创新和制度创新，提高自然资源的配置效率、技术效率和管理效率，在资源的输入端做到“减量化”；二是通过技术创新和工艺创新，努力做到资源的多次利用、反复利用和循环利用，在资源的中间段做到“再使用”；三是通过技术创新和政策创新，努力开发“城市矿山”，尽力做到垃圾分拣，在资源的输出端做到“再资源化”。

（二）实施生态资源经济化战略，促进环境资源的优化配置

生态资源经济化就是将生态资源、环境资源、气候资源等视作经济资源加以开发、保护、配置和使用。生态资源经济化的基本实现形式有：第一，基于生态环境的稀缺性，实施生态资源和环境容量的有偿化使用，如生态保护补偿制度、环境容量有偿使用制度；第二，基于生态环境产权的可界定性和可交易性，允许并鼓励自然资源产权（水权、林权、渔权等）、环境资源产权（生态权、排污权等）、气候资源产权（碳权、碳汇）的交易；第三，基于生态需求递增规律和生态价值增值规律，加大生态投资力度，实现生态效益递增。生态资源经济化的主要障碍是，生态环境价值的衡量以及生态产品信息的甄别。因此，坚持绿色核算观，探索编制绿色资产负债表，积极开展绿水青山的价值评价研究，基于生态环境的价值评价，实施更加有效的生态补偿制度。实际上，作为市场改革最早、市场化程度最高的省份，浙江省也是全国首个出台生态补偿制度的省份。早在2005年，省政府就印发了《浙江省人民政府关于进一步完善生态补偿机制的若干意见》。无论是生态公益林建设，还是水源保护区保护，均体现了“保护生态就是保护生产力”的基本精神，完成了生态保护从无偿到有偿的历史性变革。

（三）实施生态环境景观化战略，促进生态环境美丽怡人

生态环境保护是美丽浙江建设的基础。生态环境景观化就是要在保障生态环境质量根本好转的前提下，形成山清水秀、天蓝地净的优美环境景观。不仅生态环境要景观化，而且生活环境、生产环境都要景观化，要让人们感受到生活着是幸福的，工作着是美丽的。而生态环境景观化最生动的体现当属浙江省美丽乡村的建设。浙江省美丽乡村的建设开创了“美丽”事业。全国首个国家级生态县安吉县于2008年开创性地将社会主义

新农村建设聚焦到美丽乡村建设上，创造了生态文明建设的“安吉模式”。在安吉模式成功实践的基础上，浙江省编制了《浙江省美丽乡村建设行动计划（2011—2015）》，全面推开美丽乡村建设，并初步形成了“浙江经验”。随后，美丽乡村建设迅速推广到我国的南方、北方和西部地区，成为全国新农村建设的一道亮丽的风景线。正是在美丽乡村建设丰富实践的基础上，党的十八大报告才写上了“建设美丽中国”的宣言。可以说，建设美丽中国的论断富有显著的浙江元素。

（四）实施消费绿色化战略，促进消费方式的根本转变

浙江省十分重视绿色消费理念的创建和宣传。自2002年开始评选“绿色学校”以来，全省拥有全国绿色学校49所，省级绿色学校1095所，并且广泛地宣传生态节日，强化绿色消费行为。此外，浙江省也实施了一系列绿色财政政策激励绿色消费行为。例如，浙江省实行的非绿色产品约束政策和绿色产品鼓励政策双向激励的绿色财政政策，引导居民自觉崇尚绿色消费。实际上，这是一种让生态消费时尚化的战略，也让绿色消费、循环消费、低碳消费成为社会风尚。生态消费就是妥善处理人与自然的关系，从奢侈性消费转向适度性消费，从破坏性消费转向保护性消费，从一次性消费转向多次性消费，逐步形成环境友好型、资源节约型和气候适宜型的消费意识、消费模式和消费习惯。生态消费时尚化的关键在于“时尚”，它不仅要求倡导绿色消费，而且要使绿色消费成为时尚，并通过消费者绿色消费的“货币选票”影响生产者的生产行为。形成绿色消费的社会风尚，首先，政府要实施强制性绿色消费。新建政府办公大楼都要符合绿色建筑的要求，新购公共用车都要符合低碳交通工具要求，政府采购至少50%以上符合绿色产品的要求。其次，企业要进行选择性绿色消费。根据产业规制的要求，企业要以清洁生产、循环利用方式生产更多的绿色产品。最后，居民要开展引导性绿色消费。倡导绿色产品消费，倡导生活垃圾分拣。对于居民绿色消费的方式、产品和行为等所带来的福祉，要大张旗鼓地进行宣传，使之形成风尚。

三　从“绿色浙江”到“美丽浙江”建设的成效与启示

回顾世纪之交以来的历程，浙江省生态文明建设的认识不断深化，思

路逐渐清晰，实践深入推进，从绿色浙江、生态浙江到美丽浙江，生态文明建设理念十余年一脉相承，生态省建设方略十余年坚持不懈，美丽乡村、“千村示范、万村整治”工程、三轮“811”专项行动、循环经济“991”行动计划等特色工作十余年深入推进，生态省建设犹如一根红线贯穿始终，一幅气势恢宏的生态建设画卷徐徐展开，生态文明建设取得积极成效，为建设美丽浙江、创造美好生活奠定了坚实的基础。

近年来，浙江省坚持“一张蓝图绘到底”，深入实施“八八战略”，不断深化生态省建设，促使全省环境质量稳中向好，生态环境状况指数持续位居全国前列。一是铁腕治水倒逼转型。全面实施“河长制”，扎实开展清理河道行动，钱塘江治理全面启动。以治水为突破口打好转型升级“组合拳”，狠抓作坊整治，浦阳江等流域水环境综合治理成效明显。节能减排和循环经济行动深入推进，重污染高能耗行业整治强势推进，产业升级步伐明显加快。二是美丽乡村建设持续深化。农村生活污水治理和清洁农村行动全面启动，农村人居环境明显改善，农村文化礼堂建设全面推进，美丽乡村已经成为浙江的“金名片”。三是“三改一拆”强势推进。扎实推进“三改一拆”三年行动，拆除违法建筑、遏制违法占地、腾出改造用地成效显著，盘活了发展空间，改出了美丽环境，促进了转型升级。四是治污治堵全面启动。在全国率先按空气质量新标准进行监测和预警，制定出台浙江省机动车排气污染防治条例；着力推进城镇治污工程，重视持久性有机污染物治理，加强危险废物和污泥处置监管；大力开发城市地下空间，加强交通管理和整治，扎实推进城市治堵工作。五是生态文明制度逐步完善。积极推进生态文明体制改革，重点在排污权交易机制、生态补偿机制、生态公益林财政补助、要素资源市场化配置改革、重点生态功能区示范区建设试点等方面取得新突破。

浙江省生态文明建设成绩的取得，是“两山论”的集中体现，是历届省委、省政府坚持不懈、长期奋斗的结果，也是全省上下齐心协力、奋力拼搏的结果。回顾近年来的工作，主要有四点启示。

一是坚持一张蓝图一以贯之。世纪之交以来的几届省委都非常重视生态建设和环境保护。十余年来，虽然形势在发展，人事有更替，但几届省委、省政府决心始终没有变，工作始终没有断，力度始终没有减。生态省建设是为浙江生态文明描绘的战略蓝图，是历经十余载实践检验的有效举措，也是浙江省生态文明建设必须长期坚持的总方略和主抓手。近年来，浙江省委坚持“一张蓝图绘到底”，一年接着一年干，坚定不移地续写好这篇大文章。坚持咬定青山不放松，坚定决心不动摇，握牢“交接棒”，跑好“接力赛”，把全面贯彻中央要求与创造性地开展工作结合起来，不断开创生态文明建设新局面。

二是坚持撕开口子以点带面。生态环境建设既是现实紧迫的难点工作，也是事关全局的长期任务，必须坚持抓具体、具体抓，点准穴位，精准发力，牵住“牛鼻子”，四两拨千斤。近年来，浙江省先从浦阳江治水开始，到全省治污水，再到“五水共治”，旗开得“道”，步步深入，形成破竹之势。同时，扎实开展清洁行动和城市治堵，推动环境全面整治。由此深刻体会到，治理生态环境的顽症痼疾，必须拿出壮士断腕的勇气，树立“伤其十指，不如断其一指”的理念，撕开口子，以点带面，治出环境优化，治出转型升级，治出民生改善。

三是坚持统筹联动组拳出击。生态文明建设是一项系统工程，必须坚持标本兼治、防治并重，城乡统筹、陆海联动，持之以恒、急而不躁，一步一个脚印，积小胜为大胜。近年来，着力打好“四换三名”、“三改一拆”、“四边三化”①、浙商回归、主体升级等一套“组合拳”，切实把转型升级各项任务落到实处，努力从根本上解决好生态环境问题。由此深刻体会到，抓生态文明建设，既要优环境也要求发展，既要治污染也要促转型，既要城乡统筹也要陆海联动，只有这样整体协调、系统推进，组拳出击、多策并施，才能实现综合见效的目标。

四是坚持政府市场两手并举。生态文明建设需要政府、企业、公众的共同努力，需要政府推动、市场机制和社会参与的协同配合，优势互补，形成合力。近年来，浙江省既加强政府主导，加大财政投入，集中财力办大事，又注重发挥市场在资源配置中的决定性作用，鼓励民间资本投资、

① 四换三名：腾笼换鸟、机器换人、空间换地、电商换市（四换），知名企业、知名品牌、知名企业家（三名）；三改一拆：旧住宅区、旧厂区、城中村改造（三改）和拆除违法建筑（一拆）；四边三化：在公路边、铁路边、河边、山边等区域（四边区域）开展洁化、绿化、美化行动（三化）。

社会公众参与，形成全社会共建生态文明的良好局面。由此深刻体会到，必须坚持有形之手和无形之手并用，处理好政府有为与市场行为的关系，坚持制度建设和文化营造并重，处理好制度刚性约束与内在文化自觉的关系，才能确保生态文明建设不断深化，持续见效。

拥有天蓝、水清、山绿、地净的美好家园，是每个中国人的梦想，是中华民族伟大复兴中国梦的重要组成部分。美丽中国是这一美好愿景的重要载体。美丽浙江是美丽中国的有机组成部分，既体现为生产集约高效、生活宜居适度、生态山清水秀，也体现为百姓生活富足、人文精神彰显、社会和谐稳定，这些都包含在人民对美好生活的向往之中。建设美丽浙江，创造美好生活，基础是从工业文明走向生态文明，摒弃人定胜天的片面认识，摒弃先污染后治理的发展模式，摒弃物质享乐主义的生活方式，崇尚集约节约、适度消费和精神文化享受，走人与自然和谐相处的绿色发展之路；实质是追求物质文明与精神文明相统一，既集中力量进行经济建设，创造物质财富，更好地发展社会生产力，又强化社会主义核心价值观引领，共建精神家园，切实增强人民群众的发展自豪感、生活幸福感、心灵归属感、社会认同感；核心是实现人的现代化、人的文明，高度重视人与客观世界相协调，培养文明意识，倡导文明行为，健全文明机制，营造文明氛围，着力提高全体人民科学文化素养、民主法治素养、思想道德素养、生态文明素养，促进人的全面发展。总之，建设美丽浙江，创造美好生活，是建设物质富裕精神富有现代化浙江的升华，是深入实施“八八战略”的内在要求，顺应了人民对美好生活的新期待，体现了中国梦和美丽中国在浙江的生动实践，是我们坚持不懈为之奋斗的远大目标。

第三节　生态制度与规划：生态文明制度建设的“浙江样本”

建设生态文明，关键在于生态文明制度建设，生态制度是生态文明建设的保障。党的十八大报告首次提出“紧紧围绕建设美丽中国深化生态文明体制改革，加快建立生态文明制度”。这一命题意义重大，并且富有浙江元素。浙江省在推进绿色浙江建设、生态浙江建设、美丽浙江建设的各个时期均在生态文明制度建设尤其是生态经济制度建设方面做出了积极探索，取得了显著成效，形成了“浙江样本”。习近平总书记在主政浙江时，就十分注重生态文明制度建设，其后的历任浙江省委书记也都十分注重生态文明建设，花大力气探索符合浙江实际情况的生态文明制度。正是在生态文明制度的保障下，浙江生态省建设、美丽浙江建设和生态文明建设才能取得优异的成绩，绿色经济、循环经济和低碳经济才得以迅速发展。可以说，通过生态文明制度建设推进生态文明，是以“美丽浙江”为目标的生态文明建设的基本特征。

一　浙江省生态文明体制的建构

2015 年 9 月 21 日，中国政府网公布了中共中央、国务院印发的《生态文明体制改革总体方案》，其中第三条提出生态文明体制改革的原则就是要坚持正确改革方向，健全市场机制，更好发挥政府的主导和监管作用，发挥企业的积极性和自我约束作用，发挥社会组织和公众的参与和监督作用。因此，生态文明体制建设的重点是市场、政府、社会三大主体如何相互制衡。目前，“政府代市场”、“政府办社会”问题十分严重，存在市场体制失灵、政府体制失灵和社会体制失灵，需要在这三方面进行全方位的创新。①

（一）市场体制创新

通常来说，在环境等公共资源领域存在市场失灵的领域，都需要政府的干预。随着环境资源稀缺性的加剧以及资源产权界定成本的降低，在资源环境领域引入市场机制成为可能。这就迫切需要进行市场体制创新，改革环境资源产权制度，让市场机制在资源配置中发挥决定性作用。浙江省在市场体制方面的创新主要有林权改革、水权交易和排污权交易机制。这些创新都走在全国前列。

1. 林权改革

浙江省的林权改革始于 20 世纪 80 年代，通过全面展开“稳定山权林权、划定自留山和确定林业生产责任制”的林业“三定”工作，拉开了

① 沈满洪：《发挥生态优势，建设美丽浙江》，《浙江日报》2013 年 12 月 27 日第 14 版。

林权改革的序幕。[①] 2007 年浙江省出台了《关于进一步深化集体林权制度改革的若干意见》，在巩固和延长山林承包权的成果上，进一步明确了集体山地的林木所有权、使用权和林地承包经营权、使用权的归属。2008 年国务院颁布《中共中央、国务院关于全面推进集体林权制度改革的意见》，要求进一步明晰产权、放活经营权、落实处置权、保障收益权。浙江各地纷纷出台文件，进一步推动集体林权改革。2010 年 5 月，时任浙江省委书记赵洪祝同志在浙江省林业厅调研时指出，要进一步深化集体林权改革，加快建立健全以家庭联产承包经营为基础的现代林业产权关系，加快推进配套改革，促进林业持续发展。正是在省委、省政府的支持和指导下，浙江省的集体林权改革工作取得了突出的成就，探索了林业改革的新模式。其主要做法和成就包括：确权发证，率先完成集体林权主体改革；推进集体林权流转；创新林业金融服务；培育林业新型经营主体；深化国有林场改革等。

2. 排污权有偿使用和交易机制

排污权是指排污单位合法向环境排放污染物的权利。通过引入市场机制，进行排污权的有偿使用和交易，能够充分发挥市场配置资源的作用，在污染物总量控制的前提下，实现减排成本的最小化，促进环保目标的实现。

浙江省并非排污权交易的最早省份，却是全国最早实现排污权有偿使用的省份。浙江省排污权制度改革大致经历了三个阶段。

第一阶段，区级层面的自主探索阶段（2002—2006 年）。2002 年 4 月，嘉兴市秀洲区政府出台了《秀洲区水污染排放总量控制和排污权有偿使用管理试行办法》。同年 10 月，来自秀洲区洪合、王店等镇的泰石漂染厂等 11 家企业在“全区首批废水排污权有偿使用启动仪式”上办理了排污权有偿使用手续，合同成交金额 143 万余元，开创了中国排污权有偿使用的先河。

第二阶段，市级层面的深化实践阶段（2007—2009 年）。2007 年 9 月，嘉兴市政府正式颁布实施《嘉兴市主要污染物排污权交易办法（试

① 《浙江集体林权制度改革：林权改出新天地》，《人民日报》2006 年 8 月 20 日。

行)》。同年11月，嘉兴市排污权储备交易中心正式挂牌运行。2007年11月到2009年11月，共有890家企业参与排污权有偿使用和交易，总交易额达1.49亿元。随后，浙江省内其他地市也相继开展排污权交易制度试点。

第三阶段，省级层面的推广应用阶段（2010—2012年）。2009年3月，浙江省按照环境保护部、财政部批准的《浙江省主要污染物排污权有偿使用和交易试点工作方案》，正式启动全省排污权有偿使用和交易试点工作。2009年3月2日，浙江省排污权交易中心正式挂牌。同年，省政府出台了《关于开展排污权有偿使用和交易试点工作的指导意见》。2010年，省政府又相继出台了《浙江省排污许可证管理暂行办法》和《浙江省排污权有偿使用和交易试点工作暂行办法》。截至2012年6月底，已有11个地市45个县（市、区）开展排污权有偿使用和交易试点。

排污权制度改革集中体现在四个方面：环境保护从“浓度控制”转向“总量控制”；环境产权从“开放产权”转向“封闭产权”；环境容量从“无偿使用”转向“有偿使用”；环境产权从“不可交易”转向“可以交易”。这项改革不仅实现了以最低成本达到环境保护目标的效果，而且促进了“招商引资”向“招商选资”的转化，进而促进了经济发展方式的转变和产业结构的转型升级。

3. 水权交易机制

水权属于公共用品，属于国家所有。因此，水权交易实质上是水资源使用权在不同主体之间的转换。在工业化迅猛发展的今天，比起节约用水，更为紧迫的是如何去保护好水资源，减少水资源的污染，此时市场的作用就显现出来了。一旦某些东西变为稀有资源，市场就会创新出新的交易机制，让那些没有或不能付出努力的人出价来购买别人的努力，在交易中实现“双赢”。因此，进行水权交易是提高水资源效率、优化水资源配置的重要制度。

浙江省首例水权交易出现在东阳市和义乌市之间，这也是全国首例水权交易。2000年11月24日，富水的东阳市和缺水的义乌市经过多轮谈判，最终签署了水权转让协议。协议规定：义乌市一次性出资2亿元购买东阳横锦水库每年5000万立方米水的永久性使用权，由此引来了“好得很”还是“糟得很”的争论。[①] 后经水利部、省政府的多方协调，解决了水权交易存在的瑕疵和问题，保护了水权交易的实施。

在该案例的启示下，省内外纷纷开展了水权交易。2002 年，绍兴市汤浦水库有限公司与慈溪市自来水总公司签署了每年供水 7300 万立方米的水权转让协议；2003 年，甘肃省张掖市在黑河流域分水的背景下开展了首例区域内农户之间的水权交易；2006 年，在内蒙古自治区政府协调下，从巴彦淖尔市河套灌区调整出 3.6 亿立方米的水量，作为沿黄其他五个盟市工业发展用水，实施了既跨行业又跨区域的水权交易。十多年来，全国水权交易案例不断涌现。

水权交易的精髓在于，通过交易实现了稀缺的水资源的优化配置，提高了水资源的配置和使用效率。具体来说，浙江省在水权交易方面的创新主要包括：明确水权的界定；确立水权交易主体以地方政府为主；确定了供水有限的原则；确定了水权有偿使用和转让原则；实现了水权交易双方的共赢局面。

（二）政府体制创新

通过市场体制创新我们可以看到，环境保护与治理部分是可以靠市场机制来实现的、但我们也必须清醒地认识到，市场不是万能的，市场化的生态文明建设中也需要政府有所作为。但实际上生态文明建设中往往面临政府失灵的状况，因此政府机制创新势在必行。政府机制创新包含明确界定政府职能，有效履行政府职责和科学考核政府绩效。在传统的干部考核中，GDP 所占比重过大，对干部的评价也以当地的 GDP 为主要评价指标，这导致政府片面注重 GDP 的发展速度和规模而忽视了经济社会发展质量，严重影响了生态文明的发展。

习近平早在 2004 年就指出：“要科学制定干部政绩的考核评价指标，形成正确的用人导向和用人制度。各地的实际情况不同，衡量政绩的要求和侧重点也应该有所不同。要看 GDP，但也不能唯 GDP……今后衡量领导干部政绩，首先要坚持群众公认、注重实绩的原则，并以此作

---

① 沈满洪：《水权交易制度研究——中国的案例分析》，浙江大学出版社 2006 年版，第 57 页。

为考核干部的重要尺度。"[①] 在这一思想的指导下，2004 年 10 月，浙江省委、省政府出台了符合浙江实际、具有浙江特色的干部考核评价指标体系，并开始在地方试点。在此基础上，2006 年 7 月，省委组织部在全国率先出台《浙江省市、县（市、区）党政领导班子和领导干部综合考核评价实施办法（试行）》；2007 年 9 月，又研究制定了《浙江省党政工作部门领导班子和领导干部综合考核评价实施办法（试行）》。[②] 这两个《实施办法》确立了评价和选拔干部的尺度，也体现了组织部门选人用人的导向，标志着浙江省的干部考核评价工作上了一个新台阶，有力支持了各地的生态文明建设。具体来说，浙江省委组织部在考核任用干部方面的创新和突破包含：淡化 GDP 分量，强化生态环保分量；注重科学导向；注重分类考核，避免指标"一刀切"；注重群众评价；注重官员的"德行"。

（三）社会体制创新

生态建设除了要依赖市场和政府的力量外，还必须考虑到第三种力量——公众的力量。公众的积极性和创造性在生态建设中具有巨大的推动作用。此外，社会体制失灵也主要来自于公众获取环境信息的渠道缺失以及公众参与环保的渠道缺失。因此，有必要从这两个方面进行社会机制的创新。从宏观层面上讲，正如国家环保总局副局长潘岳 2005 年在"科学发展观世界环境名人报告会"上所指出的那样，公众参与环保的积极性有五个方面值得考虑：一是转变思想观念；二是环境信息公开化；三是环境决策民主化；四是环境公益诉讼；五是加强与民间环保组织的关系。[③]

浙江省在打造生态建设的过程中，早就按照上述要求执行了。浙江省目前已经建构了多个有关环境保护的网络平台，在这里，通过热心于环保的公民的呼吁，可以很好地改变公众的思想观念。同时，通过网络的方式公布本省有关环境信息，设立环境投诉通道，不仅很好地调动了公众的参与积极

---

① 习近平：《之江新语》，浙江人民出版社 2007 年版，第 30 页。

② 《浙江完善领导干部考评体系：建立评价使用新视角》，《东方早报》2008 年 6 月 30 日。

③ 沈满洪：《绿色浙江——生态省建设创新之路》，浙江人民出版社 2006 年版，第 291 页。

性，而且极大地拓宽了公众参与环保的途径。

1. 环境信息公开制度

根据《环境信息公开办法（试行）》，环境信息包含政府环境信息和企业环境信息。政府环境信息，是指环保部门在履行环境保护职责中制作或者获取的，以一定形式记录、保存的信息；企业环境信息，是指企业以一定形式记录、保存的，与企业经营活动产生的环境影响和企业环境行为有关的信息。①

浙江省在环境信息方面卓有成效。根据民间环保组织公布的2013—2014年120个城市污染信息公开（PITI）指数的最新评分和排名，宁波市名列第一，温州市和杭州市分列第五和第六名。② 浙江省在环境信息公开方面的成果和体制创新包括高度重视环境信息公开、及时发布重大环保监测信息、建构信息发布平台等。

2. 民众参与环保制度

环境保护人人有责，公众的参与是法律赋予公民的权利与义务，也是我国环境保护工作所使用的一个重要手段，同时也是适应我国环境保护法律发展的必然趋势。随着民众环境保护意识的觉醒，越来越多的人要求参与环境保护行动，而环境保护也需要公众充分发挥其监督作用、参与决策作用。所以，完善公众参与环保的制度化建设势在必行。

一直以来，浙江省始终着眼于建立最广泛的环保统一战线，坚持把完善环境保护公众参与机制作为环境管理创新的重要内容，按照“畅通民众诉求渠道、动员民众力量参与、形成公众参与制度保障”的要求，以公开性、参与性、监督性三项制度为核心，努力构建机制健全、渠道畅通的公众参与体系，不断增强推进环保工作的合力，加快形成环境保护的共建共享社会行动体系，努力提高公众参与环境保护的水平。③ 具体抓好三方面工作：一是拓宽参与渠道，抓好环境信访、搭建媒体互动平台、深化绿色系列创建、推进环境公益诉讼等工作；二是明确参与内容，主动参与环境

---

① 国家环境保护总局：《环境信息公开办法（试行）》，2007年，第二条。

② 潘家华：《中国梦与浙江实践：生态卷》，社会科学文献出版社2015年版，第233页。

③ 浙江省环境保护厅：《浙江省公众参与环境保护现场推进会暨中欧环境治理公众参与项目启动会在嘉兴举行》，2012年10月18日。

决策和环境监督，建立政府、媒体、公众“三位一体”的管理、监督和协商对话机制；三是完善参与制度，不断完善公开性制度、参与性制度、监督性制度。

二　浙江省生态文明建设的制度保障

为加快建立系统完整的生态文明制度体系，加快推进生态文明建设，增强生态文明体制改革的系统性、整体性、协同性，2015 年 9 月 21 日，中国政府网公布了中共中央、国务院印发的《生态文明体制改革总体方案》。实际上，2014 年 5 月 23 日，浙江省就通过了《中共浙江省委关于建设美丽浙江，创造美好生活的决定》，系统地阐述了美丽浙江建设的制度保障问题。它提出要从“源头严控”、“过程严管”、“恶果严惩”、“多元投入”四个方面的生态制度建设来推动浙江省的生态文明建设，实现美丽浙江的建设目标。

（一）“源头严控”制度

“源头严控”制度旨在从源头、从根本上对生态系统进行合理高效的控制规划，以保证生态环境后续良性发展。“源头严控”制度具体分为四个方面。

1. 建立自然资源资产产权制度和环境空间管制制度

实施最严格的自然资源和生态空间保护制度，从源头上预防各类生态破坏行为。全面落实中央关于自然资源资产产权制度和用途管理制度的改革举措，积极推进自然资源资产产权制度改革，加快推进以土地为核心的自然资源不动产统一登记。按照自然资源属性、使用用途和环境功能明确用途管制规则，建立生态环境空间管制制度，对自然资源实行统一监管，有效提升生态环境空间管制效力，保障生态安全。探索建立海洋综合管理协调机制，建立海洋资源管控、海洋资源权属管理制度。

近年来，浙江省在林权、水权和排污权上的创新就是对自然资源资产产权制度和环境空间管制制度的生动实践。

2. 划定生态保护红线

抓紧划定生态功能保障基线、环境质量安全底线和自然资源利用上线三条红线[①]，建立浙江省生态保护红线体系。划定符合《国家生态保护红线——生态功能红线划定技术指南（试行）》要求的全省生态功能红线，并通过立法加以保护。以解决水、大气、土壤突出环境问题为目标，建立健全环境质量安全底线。不断完善土地资源、水资源、能源、矿产等为重点的利用上线和管控要求，进一步建立资源利用上线与生态功能保护、环境质量要求相结合的协调联动机制。

2017 年 2 月 9 日，中共中央办公厅、国务院办公厅公布《关于划定并严守生态保护红线的若干意见》，明确提出 2020 年年底前，全面完成全国生态保护红线划定，勘界定标，基本建立生态保护红线制度。这也意味着，我国已首次开启生态保护红线战略。实际上，对浙江人而言，生态保护红线这个词并不陌生。在“绿水青山就是金山银山”重要思想的指引下，以铁的决心保护生态的意识早已觉醒，并在“一任接着一任干”的氛围下，形成引领浙江绿色发展的一项重要机制。国家环保部认为，包括浙江在内我国多地的先行先试，积累了很好的经验，为《关于划定并严守生态保护红线的若干意见》的制定奠定了坚实基础。浙江的今天，就是中国的明天。生态保护红线的中国行动里，依然有着鲜明的浙江元素、浙江素材、浙江经验、浙江实践。

3. 实行最严格的环境准入制度

研究建立资源环境承载能力监测预警机制，对水土环境、环境容量和海洋资源超载区域实行限制性措施。实行空间、总量、项目“三位一体”[②]的环境准入制度，把环境容量与区域总量、环境质量、项目环评紧密挂钩，严把环境准入关。全面推行经济社会发展规划、区域发展规划及重大政策措施的战略环评，严格落实专项规划环评制度。建立行业准入负面清单制度，推进环境审批制度改革，探索实行建设项目环评属地管理为

---

① 所谓红线，一般是指各种用地边界线。有时也把确定沿街建筑位置的一条建筑线称为红线，即建筑红线。它可与道路红线相重合，也可在道路红线之后，但绝对不允许超出道路红线，在建筑红线以外不允许建任何建筑物。由于红线制度的硬性要求，这一概念已经用于泛指强制性遵从的底线。生态红线，实际上就是生态安全线，为保护正常生态功能和生态服务所设立的具有法定强制性的管制边界。

② 空间准入、总量准入、项目准入“三位一体”，就是把区域空间管理、总量控制纳入审批制度当中来，建立规划环评和项目环评联动机制，通过管理更好地促进经济发展与资源环境承载力相适应。

主的制度，推进环评备案监督制，严格实行环评承诺与责任追究制度。建立环境保护重大决策听证、重要决议公示和重点工作通报制度。

2008 年，浙江省全面实行市、县（市、区）域生态环境功能区规划，将各个区域分为重点、优化、限制和禁止准入区，按不同区域的资源环境禀赋和环境承载力，提出科学的、合理的空间环境准入要求。近年来，浙江省在建设项目环评审批中已经全面开展了生态环境功能区规划符合性审查，对不符合生态环境功能区规划要求的项目不予以审批，生态环境功能区规划的强制性得到不断提升。总量准入方面，以强化规划环评为重点，积极研究制定区域或行业领域落实污染减排的政策措施，不断强化规划环评制度在严格区域和行业总量准入方面的作用。浙江省把总量控制的要求逐步融入推进产业园区和各类专项规划的规划环评。项目准入方面，通过实行污染物总量替代削减、完善重污染行业环境准入条件、实施区域限批、强化环评审批管理等一系列措施，全面加强项目环境准入。制定实施“以新带老”“增产减污”和“区域削减替代”的政策制度，并根据环境功能区达标情况和行业污染强度确定不同的削减替代比例。先后制定了印染、造纸、化学原料药、农药、电镀、生猪养殖、染料、酿造、热电等九个重点污染行业的环境准入条件。先后对下沙经济开发区、绍兴县印染行业、富阳市造纸行业等实施了“区域限批”措施，有力地促进了区域环境污染整治和环保基础设施建设。

4. 实行节能减排降碳总量管制

实行节能减排降碳总量管制，深入实施能源消费总量和能源消耗强度“双控制”，加强公共机构节能降耗，制定推进用能预算化管理制度，逐步建立省市县三级用能预算化管理体系。健全主要污染物总量控制制度，推进行业性和区域性污染物总量控制。完善排污许可证制度，理顺排污许可证与环境影响评估、总量控制、“三同时”、排污收费等污染源管理制度的关系，探索制定污染源“一证式”管理制度。严禁无证排污、超标排污、超总量排污。实行污染物总量控制激励机制，建立省市县三级排污权指标基本账户，加快刷卡排污系统建设。建立碳排放强度、碳排放总量约束机制。

近年来，浙江省以先导性规划和产业准入政策为重点，对新增生产项目实施严格的源头控制管理。随着《浙江省主体功能区规划工作方案》

(2007)、《浙江省(市、区)生态环境功能区规划技术导则》(2006)、《浙江省水功能区、水环境功能区划分方案》(2006)的颁布实施,省内各区域间的功能定位得以明确。同时,在产业分布和发展上,《浙江省制造业产业发展导向目录》(2008)、《浙江省重点产业转型升级规划》(2009)、《浙江省淘汰落后产能规划(2003—2017年)》(2013)等产业政策和准入规定进一步明确了鼓励发展和限制发展的产业方向和各项具体指标①,在源头上杜绝了高污染、低效率的新增产能,促进了污染的有效控制和管理。

(二)"过程严管"制度

"过程严管"制度是市场、政府和公众通过合理有效的手段对还未造成或已经造成的生态问题进行良性的规划引导,确保生态环境破坏最小化,生态环境保护最大化。"过程严管"制度具体分为四个方面。

1. 推进环境监管制度改革

建立完善严格监管所有污染物排放、独立进行环境监管和行政执法的环境保护管理制度。完善行政综合执法体制,推进环保行政执法与民主监督、公众监督、舆论监督、司法监督结合,加大监管力度,提高监管实效。建立环境执法司法联席会议制度,完善环境执法联动协作机制,切实形成工作合力。

环境保护和监管最重要的手段是法制保障,如果没有法律制度做保障,环境保护也就无从谈起,环境问题上的效率和公平也就无法实现。浙江省历来坚持通过法制来保护环境,建设生态文明。习近平在主政浙江时就要求:"要加快地方环境立法步伐,健全地方环境法规和标准体系,加大对违法行为的处罚力度,重点解决'违法成本低、守法成本高'的问题。充分利用司法手段,支持和加强环保工作。"② 自提出生态浙江建设的目标以来,浙江省在环境法制方面取得了良好的成绩。

2. 深化资源要素的优化配置改革

注重通过市场机制激发企业自觉治污和节约利用资源的内生动力。健

① 潘家华:《中国梦与浙江实践:生态卷》,社会科学文献出版社2015年版,第102页。

② 同上书,第243页。

全亩产效益综合评价体系，建立资源要素差别化使用激励约束机制、低效企业退出激励机制和新增项目选优机制，探索构建资源要素高效流动的市场体系。着力破除要素配置中的障碍，提高要素配置效能和节约集约利用水平。浙江省在资源的优化配置上主要从两个方面进行：

首先，消费绿色化，促进消费方式根本转变。消费行为两头连接自然：既向自然索取，又向自然排放。过度索取会浪费资源和破坏生物多样性，过度排放又会污染环境和破坏生态。人们消费需求的无限性与商品供给的有限性之间的矛盾表明，必须调整人们的消费模式，从线性消费模式转变为绿色消费模式。实施消费生态化战略，促进绿色消费，是促进生态文明建设的核心内容。

第一，绿色组织创建内化绿色消费理念。浙江省十分重视绿色组织创建工作。自 2002 年开始组织评选绿色学校以来，全省拥有全国绿色学校 49 所、省级绿色学校 1095 所。绿色学校的创建使各类学校把生态文化理念深深烙在每个师生的脑海之中。截至 2011 年，全省拥有国家级绿色社区 27 个、省级绿色社区 702 个，全国绿色家庭 22 户、省级绿色家庭 1688 户。

第二，生态节日宣传强化绿色消费行为。一方面，充分利用生态节日做好宣传引导。结合世界环境日、世界地球日、中国水周、全国土地日、中国植树节等重要时节，推行低碳生活，鼓励绿色消费。另一方面，创建具有浙江特色的生态日营造氛围。自从安吉县 2003 年创设全国首个县级生态日取得成功经验后，2009 年浙江省创设了全国首个省级层面的生态日，决定每年 6 月 30 日为浙江生态日。

第三，绿色财税政策激励绿色消费行为。浙江省采取非绿色产品的约束性政策和绿色产品的鼓励性政策的双向激励绿色财税政策，引导居民自觉崇尚绿色消费。大排量汽车的限制性措施与电瓶汽车的补贴政策，化石能源的总量控制与可再生能源的鼓励开发，公害食品的严格监管和绿色食品的优质优价，等等。浙江居民的消费行为正在悄然转型。

其次，资源节约化，促进资源能源循环利用。经济总量迅速扩张与自然资源有限供给且生产率相对低下的矛盾，是当前面临的突出问题，由此也决定着不允许我们继续沿袭粗放式的资源开发利用模式。资源节约化就是要集约式开发利用自然资源，提高资源生产率，改善资源投入结构，深化资源要素市场化配置，使资源开发利用无害于生态环境的保护，保障资源的可持续开发利用。

浙江针对地域小省、资源小省的省情，十分重视资源节约。2005 年，出台了《浙江省循环经济发展纲要》，提出实施循环经济“991”行动计划，即发展循环经济九大重点领域、“九个一批”示范工程和 100 个重点项目。同时，全面实施工业循环经济“4121”工程和“733”工程，积极开展工业循环经济示范园区和示范企业、绿色企业、资源综合利用企业的评定工作。实施生态循环农业“2115”示范工程，全省启动创建省级生态循环农业示范县 18 个、示范区 39 个，认定省级生态循环农业示范企业 21 个，安排省级生态循环农业项目 100 个。“十一五”以来，累计实施了 760 个循环经济项目，4418 家企业通过清洁生产审核，发展了 477 家工业绿色企业，培育了 3846 个农业绿色产品。

通过实施资源节约化战略，资源生产率大幅度提高。“十一五”期间，浙江单位 GDP 能耗从 2006 年的 0. 878 吨标准煤下降到 2011 年的 0. 695 吨标准煤，五年累计下降了 20% 以上，顺利完成了国家的考核目标任务。全省废弃资源的回收利用能力和利用效率不断提高，年利用各类再生资源约 2000 万吨，位居全国前列。

3. 完善资源有偿使用和生态补偿制度

加快自然资源及其产品价格改革，健全全面反映资源稀缺程度、生态环境治理修复成本的资源环境价格形成机制。按照污染治理实际成本，逐步提高排污费征收标准。加快研究制定生态补偿条例，推进生态环保专项转移支付改革。建立海洋环境监测通报、海洋生态损害赔补偿制度。完善集体林权制度改革，建立生态公益林省级财政补偿标准调整机制，研究湿地生态效益补偿办法。探索建立流域协作治理机制，扩大生态补偿试点。

生态补偿涉及对自然资源和生态资产所有者的产权使用费、特许使用费和提供生态服务的生态系统维护费。因而，生态补偿实际上是对生态资源所有者的一种补偿，包括资产收益的分享、机会成本的损失。从原则上讲，生态资产的所有者需要遵循自然保护的法律法规，没有破坏自然资源的权利，应该对其不破坏生态给予补偿。如果生态资产所有者破坏生态服务功能，其自身的可持续发展也受到威胁。但在社会主义制度下，政府不允许私人对土地等生态资产拥有产权，只是认可其使用权；而且，社会主义寻求共同富裕，对生态脆弱和提供生态服务功能的生态资产拥有使用权者，也需要保障其发展权益。因而，生态补偿实质上是对生态资产使用权者机会成本的市场补偿，以保障生态资产的生态服务功能的发挥。在社会主义自然资源所有权的法律构架下，生态补偿的制度创新，需要建构对重点生态功能区的转移支付、地区间的收益付费和市场服务的生态补偿制度体系。

长期以来，环境资源配置中存在三个悖论：环境容量资源日益稀缺，却大多无偿使用；生态保护的行为理应得到补偿，却没有得到足够的经济激励；生态资本呈现衰退趋势，生态投资却严重不足。因此，优化配置环境容量资源是一个紧迫的时代课题。生态经济化就是体现环境容量的资源价格、体现生态保护的合理回报、体现生态投资的资本收益的进化过程。[①]

作为市场化改革最早、市场化程度最高的省份，浙江也是全国首个出台生态保护补偿制度的省份。2005 年，省政府印发了《关于进一步完善生态补偿机制的若干意见》。它采用政府令形式对生态补偿机制作出具体规定，属全国首创。为了更公平合理地实行补偿机制，杭州市还设计了一套科学的生态补偿标准评价体系，即根据流域生态环境质量指标体系、万元 GDP 能耗、万元 GDP 水耗、万元 GDP 排污强度、交接断面水质达标率和群众满意度等指标，建立了一套生态补偿标准。无论是生态公益林建设，还是水源保护区保护，均体现了保护生态就是保护生产力的基本精神，完成了生态保护从无偿到有偿的历史性变革。2007 年 4 月，省政府办公厅印发了《钱塘江源头地区生态环境保护省级财政专项补助暂行办法》，将按照“谁保护，谁受益”“责权利统一”“突出重点，规范管理”和“试点先行，逐步推进”的原则，对钱塘江源头地区生态环境保护加大财政转移支付力度，完成了浙江省生态补偿的具体内容。2007—2011 年，省财政累计转移支付的生态补偿资金达 51 亿元。在多年实践的基础上，不

① 沈满洪、谢慧明：《生态经济化的理论思考》，中国生态经济学会会员代表大会暨生态经济与转变经济发展方式研讨会，2012 年。

断深化生态补偿机制：一是将单一的生态补偿机制拓展为生态保护补偿环境损害赔偿相结合的科学制度；二是将区域内的生态补偿拓展为区域间的生态补偿。

作为国家排污权有偿使用和交易的试点省份，省政府相继出台了《浙江省排污权有偿使用和交易试点工作暂行办法》等法规和政策性文件，相关部门也出台了一系列配套政策。截至目前，省级层面共制定政策文件 11 个，各地有 68 个，基本建立了排污权有偿使用和交易政策法规体系的框架。全省排污权有偿使用和交易金额累计突破 13 亿元，排污权质押贷款 9.6 亿元。排污权从无偿使用到有偿使用，从不可交易到可以交易的转变，无疑是一场革命。它的突出成果是使得排污权有偿使用和交易制度演化成招商选资的机制。

无论是生态补偿机制还是排污权有偿使用制度，都体现了“生态环境是稀缺资源，稀缺资源要优化配置”的理念。浙江在生态经济化方面又一次走在了全国前列。

4. 建立完善协同治理机制

建立地方政府和中央部门海域联防联控机制，推广区域、流域和近岸海域联防联控管理模式，完善环境保护区域协调和跨区域综合治理机制，加强与长三角地区、新安江流域、海西经济区的生态环保合作与交流，不断提升流域水环境综合治理和区域大气污染联防联控能力与水平。创新区域、流域环境管理考核模式，强化跨行政区域河流交接断面考核、环境空气质量管理考核。

浙江省在协同治理方面的突破当属安吉县。浙江省安吉县通过社区协同治理的模式建设生态文明，突破了以往传统的自上而下的政府治理模式，政府与社区协同行动的治理模式更多的是以自下而上的运行机制并嵌入社区参与的集体行动中；安吉村民的社区居民的参与意识得到几股社会力量的支持：地方政府通过动员，促使社区村民的参与意识的养成；地方政府通过动员，促使参与的群体实现高水平均衡；社区居民不是被动的管理者，不是政策的被动接受者，生态文化建设成功与否的关键在于社区多元行动主体的共同治理与参与，社区能人与社区居民的参与同样是生态文化建设的驱动力。

总的来说，在“过程严管”制度上，近年来浙江省不断致力于提高资源利用效率，着重以高耗能行业以及企业节能工作为重点，强化重点耗能行业原材料消耗管理，推动城镇建设用地和工业用地节约集约利用，实行最严格的水资源管理制度。此外，还加快推广节能新技术新产品，强化智能电网建设和清洁煤发电技术的发展，努力打造享誉全国的节能基地示范省。

（三）“恶果严惩”制度

“恶果严惩”制度是对以环境换取经济利益的恶性行为进行严厉的处罚，是法制上对蓄意破坏生态环境谋取利益的人实施的一种威慑手段。“恶果严惩”制度具体分为两个方面。

1. 建立环境损害责任终身追究制度

对污染环境、破坏生态行为“零容忍”，强化行政执法和刑罚处置，加大责任追究和违法惩治力度，切实保护公民环境权益，维护社会公平正义。根据各地自然资源禀赋，有重点地将水、土地、森林、矿产、海洋等自然资源资产纳入审计范围，探索编制自然资源资产负债表，建立领导干部自然资源资产离任审计制度。建立健全环境问题约谈制度，对政府决策、执行失误以及不作为导致的环境损害问题建立责任追究机制。

习近平在主政浙江时就开始了生态环境保护责任追究制度方面的实践探索。2004 年，浙江省委、省政府出台了《浙江省环境违法行为责任追究办法（试行）》，明确了环境保护责任，严肃查处环境违法案件。2014 年，浙江省出台《中共浙江省委关于建设美丽浙江　创造美好生活的决定》，提出建立生态环境损害责任终身追究制度，对因盲目决策造成环境严重损害的，不论相关责任人是否在职，均应当追究其相应责任。浙江省生态环境保护责任追究制度近年来取得了巨大的成效，主要的创新包括：明确官员责任追究制度；明确追究监管部门监管不力的责任；明确追究各机关、团体、企业、事业单位的环境违法行为责任；明确追究纵容下属犯错的主管领导的责任。

首先，明确官员责任追究制度。《浙江省环境违法行为责任追究办法（试行）》明确规定了官员的 5 种主要违法行为：违反国家产业政策或违背产业发展导向，违反区域或流域的环境资源保护规划，导致环境恶化或生态破坏的；放任、包庇、纵容环境违法行为，或对社会反映强烈的环境污染问题长期不解决或处理不当的；对本地区发生的重大环境污染事故不及时妥善处理，造成损失加重，或阻挠环境保护行政主管部门按规定报告的；干扰、限制环境保护行政主管部门依法进行环境管理和查处环境违法行为，致使环境保护行政主管部门不能依法行使职权的；授意、指使、强令环境保护行政主管部门违反规定，对不符合要求的建设项目予以批准，或对不符合要求的污染防治设施予以验收通过的。[①]

其次，明确追究监管部门监管不力的责任。《浙江省环境违法行为责任追究办法（试行）》要求各级环境保护行政主管部门和其他依法负有环境监督管理职责的部门及其国家公务员、环境监察人员应当依法严格履行环境监管职责，强化服务意识，提高工作效能。对违法批准环境影响报告书（报告表）、环境影响登记表及其他环保审批（审查）内容或违反规定发放排污许可证，或依法应予办理而不予办理，以及未按规定期限办结上述有关环保审批，造成重大经济损失的；对不符合要求的建设项目、污染防治设施或未按规定完成任务的限期治理项目予以验收通过的；对越权、滥用职权或违反法定程序实施审批（审查）、许可、检查、验收、收费、处罚等环保执法行为的；对虚报、瞒报、拒报环境污染、生态破坏事故或不及时处理事故，致使事故扩大的；对虚报、瞒报环境监测数据，或提供虚假环境质量报告、污染源监测报告的；对在环保执法活动中通风报信或有放任、包庇、纵容环境违法活动等失职行为的；对不履行或不严格履行职责，对辖区内发生的环境污染或生态破坏问题长期失察的，将给予党内警告至严重警告、行政警告至记大过处分；情节较重的，给予撤销党内职务、行政降级至撤职处分；情节严重的，直至给予开除党籍、行政开除处分。

再次，明确追究各机关、团体、企业、事业单位的环境违法行为责任。《浙江省环境违法行为责任追究办法（试行）》明确要求各机关、团体、企业、事业单位应当严格遵守环境保护法律法规，自觉承担起保护环

---

① 《严惩破坏环境的党政干部——〈浙江省环境违法行为责任追究办法（试行）〉重点提示》，《政策瞭望》2004 年第 4 期。

境防治污染的社会责任。对对抗、妨碍环境保护行政主管部门或其他环境监督管理部门的检查、调查、验收等环保执法活动的；对未经环境保护审批（审查）、验收，擅自施工、投产或使用有关设施的；对拒不执行环境污染整改决定或无正当理由逾期未完成限期治理任务的；对拒不执行环境保护行政主管部门、其他环境监督管理部门依法作出的行政处罚决定的；对因环境违法行为被责令关闭、停业，未经有关机关批准擅自恢复生产、经营活动的；对有造成环境污染或生态破坏事故的行为的；在依法给予行政处罚的同时，对该责任单位中由国家行政机关任命的责任人员给予党内警告至严重警告、行政警告至记大过处分；情节严重的，给予撤销党内职务、行政降级至撤职处分；情节特别严重的，直至给予开除党籍、行政开除处分。

最后，明确追究纵容下属犯错的主管领导的责任。《浙江省环境违法行为责任追究办法（试行）》规定，有关主管部门对所属单位的环境违法行为有授意、指使、放任、包庇、纵容等行为，情节较重的，在对该主管部门予以通报批评的同时，对负有主要领导责任的主管人员给予党内警告至严重警告、行政警告至记大过处分；情节严重的，给予撤销党内职务、行政降级至撤职处分；情节特别严重的，直至给予开除党籍、行政开除处分。

2. 建立环境损害惩治制度

建立以环境损害赔偿为基础的环境污染责任追究体系，对造成生态环境损害的责任者严格实行赔偿制度，加大行政强制及行政处罚力度，构成犯罪的，依法追究刑事责任。探索建立环境污染损害赔偿责任风险基金，鼓励推行环境污染损害责任保险制度，对高风险企业实行环境污染强制责任保险。完善环保公安联动执法、环境公益诉讼和非诉案件强制执行机制，依法打击污染环境、破坏生态、损害社会公共利益的行为。

2006 年 4 月 1 日，浙江省开始实行《浙江省渔业管理条例》，对渔业生态环境实施污染损害赔偿制度。经过多年的调查研究，2013 年浙江省海洋与渔业局草拟了《浙江省海洋生态损害赔偿和损失补偿管理暂行办法（草案）》，开始公开征求意见，准备继渔业后在整个海洋范围实行生态环境损害赔偿制度。浙江省在生态环境损害赔偿方面的创新性包括：明确了生态环境损害必须赔偿的原则；明确了请求赔偿的主体；划分了不同等级赔偿请求主体的管辖范围；明确了赔偿补偿金的用途。

（四）“多元投入”制度

“多元投入”制度是通过政府、企业和公众等多种途径来筹集资源以促进自然资源经济化、生态化。“多元投入”制度具体分为两个方面。

1. 创新基本财力增长机制和财税政策

紧密结合生态文明建设战略重点，合理调整和整合各类生态环保专项资金，开展财政专项资金竞争性分配改革试点。建立环保资金使用绩效评估考核机制和专项审计制度。积极发挥财政资金引导作用，吸引带动社会资本和各类创业投资、股权投资参与美丽浙江建设。贯彻落实有关生态文明建设的各项税收政策，积极发展环保社会公益基金。

近年来，浙江省委、省政府积极主动创新发展模式，牢固树立绿色、低碳发展理念，逐步将生态省建设推向新的高度，走出了一条认识不断深化、实践不断深入、百姓持续受惠的生态文明发展之路。财税作为宏观调控的重要手段，在助推生态文明建设过程中，需要进一步提升政策的系统性、针对性、有效性，积极发挥职能作用，更好地助力美丽浙江建设。浙江省财税部门通过制度创新，灵活运用财税政策工具，以完善生态补偿机制为亮点，不断增强生态财税的理念厚度。

创设性开展生态环保专项补助试点工作。2006 年，浙江省研究建立了生态补偿转移支付制度，并在钱塘江流域率先实行源头地区省级财政生态环保专项补助试点政策，从 2006 年开始每年安排 2 亿元，对钱塘江源头地区 10 个县（市、区）根据生态公益林、大中型水库、产业结构调整和环保基础设施建设四大类因素，按“因素法”分配，由当地根据自身生态环境保护重点安排使用。生态补偿机制的构建打破了以往局限于按项目分配生态补助资金的模式，是对原有扶持方式的改革和创新，为理财内涵增添了新元素，为财政职能作用发挥确立了新坐标。

在全国率先实现省内全流域生态补偿。随着浙江生态文明建设的渐次推进，财政部门进一步挖掘生态补偿机制的内涵，在理财层面进行了一次又一次的探索接力和认识上的飞跃。2008 年，在总结完善钱塘江源头地区试点工作经验的基础上，对八大水系源头地区 45 个市县实施了生态环保财力转移支付政策，成为全国第一个实施省内全流域生态补偿的省份。2012年，按照“扩面、并轨、完善”的要求，对生态环保财力转移支付的范围、考核奖罚标准、分配因素和权重设置等做了进一步修改完善，将转移支付范围扩大到了全省所有市县。省级财政安排生态环保财力转移支付资金从2006年的每年2亿元提高到2012年的15亿元。生态补偿机制很好地带动了地方对“GDP至上”旧思维的深刻反思，将生态文明内化为绿色发展需求，在发展中更加注重生态建设和环境保护，推进资源的可持续利用，实现经济效益、社会效益和生态环境效益多赢。

推进排污权有偿使用和交易试点工作。自2009年开展试点以来，省财政积极安排落实资金支持交易机构建设、排污权交易信息管理平台建设、刷卡排污系统建设等。与此同时，各地加大探索实践力度，加快试点交易步伐，充分利用市场和经济手段促进污染减排，逐步形成了不同的试点风格和特色。例如，嘉兴市以排污权交易先行，再着手研究和实施初始排污权有偿使用，通过对排污企业在线监管，为核定和控制企业的排污总量探出一条新路。通过推行排污权有偿使用和交易试点，有力地促进了主要污染物减排和产业结构调整，使生态环境容量资源有价、有限、有偿的意识逐步深入人心，增强了全社会生态环保意识。

2. 探索构建“绿色金融体系”

调整优化信贷结构，加强美丽浙江建设重点领域和薄弱环节的金融支持。加快发展直接融资，充分利用多层次资本市场，做好保险资金投资项目对接，多渠道扩大美丽浙江建设融资规模。创新发展林权、水权、排污权、碳排放权等绿色金融产品，促进各类企业自觉节能减排。加快海洋金融创新，研究支持舟山群岛新区建设和海洋经济发展的金融配套体系。

当前浙江省的绿色金融发展氛围已经形成，金融机构与政府相关部门的协同合作也不断加强，社会资本支持绿色发展逐步增多，绿色金融产品创新不断涌现。自2015年9月召开浙江省绿色金融发展推进会以来，省政府于2016年3月向国务院请示设立湖州、衢州绿色金融改革创新试验区，5月成立了浙江省绿色金融专委会，并出台了《关于推进绿色信贷工作的实施意见》和《浙江银行业金融机构绿色信贷工作指导意见》等，进一步加强了财政政策支持，加大了绿色金融项目银企对接的力度，加快了绿色金融产品与服务方式的创新。浙江省在绿色金融体系上的创新，主要分为以下几个方面。

第一，完善绿色金融顶层联动机制。制定并完善包括绿色金融基本法规、监管制度等在内的法规体系，特别是根据中央的立法精神因地制宜地制定切合浙江实际的促进绿色金融创新发展的地方性制度或条例，并在内容上更加清晰地界定绿色金融及各主体的权利义务，以便法规制度在浙江的具体实施。积极推动部门信息共享，建立联席会议制度，加强与发改、金融、统计、银行与银监等部门的联动协作，提供配套服务能力。

第二，完善地方绿色金融组织与市场机制。支持在浙银行机构与总行、海外机构的合作，推动设立绿色金融业务机构，支持民间资本设立民间银行，推进小额贷款公司、金融租赁公司等设立绿色专营机构。积极组建浙江绿色投资银行，以利于整合分属企业在绿色领域的分散投资，并借助政府背景和资本实力获得较高信用评级，在国内外资本市场募集低成本资金，扮演地方政策性银行角色。加快调研与借鉴，推动浙江"绿色技术银行"的建立，发展绿色科技金融，为绿色技术转移转化开辟新途径。支持互联网金融机构、股权投资和创业投资基金、私募基金等参与绿色金融业务，鼓励浙江省股权交易中心在绿色金融相关业务方面发挥积极作用。随着 2017 年全国统一碳市场的建立，有序发展碳远期、碳股权、碳资产证券化和碳基金等金融产品，探索排放权期货市场、个人碳账户，积极推动碳金融与绿色债券市场建设，加快建立健全绿色金融交易市场，促进绿色金融多元化发展。

第三，完善绿色金融政策激励机制。综合运用财政贴息、费用补贴、税收优惠等方式合理分散绿色金融风险，提升商业银行资金保障能力。推动 PPP 模式绿色产业基金发展，通过多级杠杆撬动社会资本，在体现政府意图的同时利用更多的民间和社会资本。鼓励有条件（或试点）的地方政府与社会资本共同发起区域性的绿色发展基金，或推动设立地方绿色发展的政府投融资平台，探索发行还本付息、由地方财政收入支持的绿色地方政府债。把存款准备金率、利率、SLO、SLF 等常规货币政策工具与绿色金融挂钩，制定专门的支持绿色发展的再贷款政策，发挥货币政策的定向微调功能。支持符合条件的商业银行发行绿色信贷专项债，适当放宽风险权重计量标准，适度提高绿色信贷不良贷款容忍度。

第四，完善绿色金融考评与监管机制。引导商业银行接受“赤道原则”，以有利于扩大声誉，保护市场份额，减少项目政治风险。推进金融环境风险分析的知识共享平台和改善环境数据信息的可获得性。制定针对客户的环境与社会风险评估标准，并将动态考评结果作为评级、信贷准入、管理的重要依据。推动银行建立绿色金融管理机构、管理办法、评价流程与方法，提高绿色信贷独立评估能力。推动金融机构环境风险压力测试，提高分析能力，有效约束其对高污染、高能耗项目的贷款，鼓励其加大对绿色、低碳、循环项目的投入。统一监管标准，探索第三方评估，强化对信息披露的要求，完善绿色金融信用体系。同时，在人才工程中，有针对性地引进和培养兼具环境与信贷管理能力的复合型人才，以适应“赤道原则”独立审查、处理融资中与环境、社会的风险评估，从而满足促进绿色金融健康可持续发展的要求。

第三章　生态经济与生态文化

改革开放给浙江经济社会带来了难得的发展机遇，经过40年的发展，浙江从一个资源小省一跃成为经济大省，经济社会各项发展指标均位居全国前列。据统计，2016年全省GDP为47251亿元，GDP总量列广东、江苏、山东之后，连续21年居全国第4位，与居全球经济总量第18位的土耳其大体相当。[①] 不过，发展总是与代价相伴随，经济的快速增长往往会以牺牲环境资源为代价，并最终影响、阻抑经济社会的协调可持续发展。要破解经济增长与环境资源之间的矛盾，既不能沿袭以往粗放型发展即高投入、高消耗、高污染的传统发展模式，但也不能为了保护环境资源而采取消极对待、发展停滞的无为态度。发展生态经济，培育生态文化，是一种积极有效的发展方式或应对办法。跨入21世纪，浙江率先从成长的阵痛中觉醒，理性选择绿色发展的理念，大力发展生态经济，积极培育生态文化，以期引导浙江经济社会的发展变革与未来走向。

第一节　生态经济在浙江的发展

2002年6月12日，浙江省第十一次党代会正式提出建设“绿色浙江”的战略目标。2005年11月6日，浙江省第十一届党委会第九次会议通过《中共浙江省委关于制定浙江省国民经济和社会发展第十一个五年规划的

---

① 《创新转型，砥砺奋进——十八大以来浙江经济社会发展成就》，浙江统计信息网，2017年10月11日。

建议》，明确指出，要大力发展循环经济和扶持发展污染小、消耗低、效益高的资源节约型产业即低碳经济。发展绿色经济、循环经济、低碳经济，是浙江省在新的历史发展阶段建设“富强、民主、文明、和谐、美丽”大省在经济方面的内在要求。

绿色经济、循环经济和低碳经济的概念和相关理念，都是环境危机、能源危机产生后，在反思传统经济发展模式下，相继出现的几种经济形态。它们以节约资源、保护环境为目的，旨在追求经济社会与生态环境的全面协调可持续发展。无论是绿色经济、循环经济，还是低碳经济，都包含了数量和质量的统一：“经济”是数量方面的选择，突出发展的优先性；“绿色、循环、低碳”则是对质量方面的要求，体现了对发展模式的约束。在实践中，绿色经济、循环经济、低碳经济都要求做到以人为本，转变单纯或片面追求经济总量和发展速度的发展模式，在发展过程中注重环境效益、社会效益、经济效益三者协调发展。环境保护是发展绿色经济的目的和归宿，也是实现经济绿色化的助推器；循环经济则更加强调资源的循环利用；低碳经济是在气候变化的前提下产生的，特别强调低碳减排。

浙江省在发展绿色经济的过程中强调政策指导和支持力度，加强体制机制建设，鼓励各种市场主体的有效行为，形成推动绿色经济发展的内在力量；在发展循环经济的过程中强调资源的循环利用，直接为实施主体带来经济效益，使成本与收益方向一致，通过市场引导和政策手段相结合，形成激励机制，有效缓解了资源危机；在发展低碳经济的过程中，融贯经济、自然、社会各个领域，渗透于生产、流通、消费各个环节，其核心是碳减排。为顺利实现碳减排，浙江省作出相应的政策措施跟进，加强低碳发展制度设计，解决外部性问题，加强市场参与方的内生动力。由于没有成功的可资借鉴的模式，浙江省低碳经济的发展必然有一个从实践、认识到再实践、再认识的过程。在未来的经济发展过程中，应当以生态文明建设为导向，以创建“两型社会”为目标，以制度创新为保障，以科技进步为支撑，寻求发展绿色经济、循环经济、低碳经济的协同效应，以加快经济发展方式转变，实现可持续发展目标。

一 大力发展绿色经济

面对能源和环境的双重威胁，发展绿色经济、绿色产业已成为一个重要趋势和必然选择。发展绿色经济，就是要克服资源短缺的瓶颈制约，解决环境污染和生态问题，切实建设资源节约型和环境友好型社会，加大资源节约和资源保护的力度。发展绿色经济，具有重要的现实意义：有利于促进经济结构调整和发展方式转变，实现经济社会可持续发展；有利于带动环保和相关产业的发展，培育新的经济增长点和增加就业；有利于提高全社会的环境意识和道德素质，保障人民群众身体健康；有利于维护中华民族的长远利益，为子孙后代留下长远良好的生存和发展空间。因此，在经济发展和资源环境矛盾日益突出的情况下，发展绿色经济是破解资源瓶颈制约难题、实现现代化的客观要求和必然选择。

（一）绿色经济的提出

绿色经济是以市场为导向、以经济与环境的和谐为目的而发展起来的一种新的经济发展模式。绿色经济的内涵很广，涵盖了生态农业、生态工业、生态林业、生态旅游业以及清洁能源等，是一种经济再生产和自然再生产有机结合的良性发展模式，是人类社会可持续发展的必然选择。某些传统产业经济存在破坏生态平衡、大量消耗能源与资源、损害人体健康的不足，而绿色经济是一种维护人类生存环境、合理保护能源与资源、益于人体健康的平衡经济。

2002 年 6 月 12 日，浙江省第十一次党代会正式提出建设“绿色浙江”的战略目标，并明确指出：“建设‘绿色浙江’是浙江省实现可持续发展的大事。必须从全局利益和长远出发，把发展绿色产业，加强环境保护和生态建设，放在更加突出的位置。加快发展生态农业、生态工业、生态旅游业和环保产业。”①

2005 年 1 月 17 日，时任浙江省委书记习近平同志指出：发展生态农业，建设现代化农业的主攻方向是：以绿色消费需求为导向，以农业工业

① 张德江：《中国共产党浙江省第十一次代表大会上的报告》，《浙江年鉴》，浙江年鉴社 2003 年版。

化和经济生态化理念为指导，以提高农业市场竞争力和可持续发展力为核心，深入推进农业结构的战略性调整，大力发展高效生态农业。①

2010 年 6 月 29 日，时任浙江省委书记赵洪祝同志在省委十二届七次全体会议扩大会议上的报告中指出：必须顺应国际新形势，大力调整经济结构和能源结构，加快发展战略性新兴产业和现代服务业，使经济变“绿”，争取在国际竞争中赢得主动。同时，认真评估绿色壁垒对浙江省进出口的影响，充分发挥绿色经济、循环经济在实施“走出去”战略中的重要作用，发展绿色产业，推行绿色标准，实施绿色经营，进一步增强国际竞争力。大力发展高效生态农业，积极推进生态旅游业发展，要加快发展绿色经济，大力推行绿色生产，全面推行清洁生产，培育一批清洁生产企业和绿色企业，大力发展无公害农产品、绿色食品和有机食品，努力实现农产品的优质化和无害化。②

2012 年 6 月 6 日，浙江省委书记赵洪祝同志在中国共产党浙江省第十三次代表大会上的报告中指出：大力发展生态经济。严格实行空间、总量、项目“三位一体”环境准入制度，加快淘汰重污染高能耗的落后产能，大力发展生态循环农业、绿色制造业、生态服务业以及生态旅游、休闲养生等产业。③

2014 年 5 月 23 日，中国共产党浙江省第十三届委员会第五次全体会议通过《中共浙江省委关于建设美丽浙江，创造美好生活的决定》，指出：加快建立和推广现代生态循环农业模式，大力发展无公害农产品、绿色食品和有机产品。发展现代林业经济，带动山区林农增收致富。推进工业园区生态化改造，全面进行清洁生产审核。鼓励企业开发绿色低碳产品，建立实施绿色采购消费政策。④

发展绿色经济，就要大力培育低消耗、轻污染、高效益的产业，提高

---

① 习近平：《之江新语》，浙江人民出版社 2013 年版，第 109 页。

② 赵洪祝：《省委十二届七次全体（扩大）会议上的报告》，《浙江年鉴》，浙江年鉴社 2011 年版。

③ 赵洪祝：《中国共产党浙江省第十三次代表大会上的报告》，《浙江年鉴》，浙江年鉴社 2012 年版。

④ 沈正玺：《中共浙江省委关于建设美丽浙江　创造美好生活的决定》，《浙江日报》2014 年 5 月 24 日。

浙江省 GDP 中的绿色含量，从而增强浙江省的综合实力和国际竞争力。浙江绿色经济发展涌现了众多典型，如作为“欠发达”、“后发展”地区的仙居县，在绿色意识、生态立县、发展绿色经济理念的指导下，生态保护、生态建设取得积极进展，绿色经济取得初步成效，绿色产业体系慢慢形成。

（二）绿色经济的发展成效

浙江在发展绿色经济的过程中取得了一系列的发展成效：绿色产品发展迅速，生态工业加快发展，生态旅游成绩喜人。

1. 绿色产品发展迅速

绿色产品规模逐渐扩大，三品产业化水平不断提升，绿色农产品品牌影响力不断提升，都体现了绿色产品的发展速度。2003—2015 年年底，浙江省无公害农产品认证数量有了明显增加，并一直处于全国领先发展水平。全省认定的无公害农产品从 2003 年的 457 个发展到 2008 年的 2357 个，再到 2015 年的 5000 多个，一直保持健康稳步增长。浙江省无公害农产品、有机食品、绿色食品（即“三品”）产业化水平不断提高。从产业结构看，浙江无公害农产品中种植业类占 80%，蔬菜、水果、茶等优势高效作物在无公害产品中占的比重较大，充分展现了浙江的农业优势，体现了较为合理的种植结构。经过多年的探索，“三品”已经创立了特色鲜明的发展模式：依据技术标准开展质量认证，通过质量认证落实标准化生产，通过标志管理打造品牌形象的认证管理模式。2011 年，浙江省启动了“现代农业综合区”和“粮食生产功能区”无公害农产品整体认定工作，到 2015 年年底，浙江省“两区”无公害农产品认定面积 17600 万亩。

2. 生态工业加快发展

生态企业增多，节约环保产业发展迅速。2012 年，浙江省节能环保产业增加 7.5%①；2015 年，在全省规模以上企业中，节能环保产业实现总产值 5030 亿元，比上年增长 6%②。新的一年，节能环保产业以良好的势

---

① 《2012 年我省战略性新兴产业增长 9.2%》，2013 年 1 月 29 日，浙江统计信息网（http：//tjj. zj. gov. cn/）。

② 《2015 年浙江七大产业增速较快、比重上升》，2016 年 9 月 14 日，浙江统计信息网（http：//tjj. zj. gov. cn/）。

头增长：2017 年 7 月，全省规模以上工业中，节能环保制造业增加值 147 亿元，同比增长 11.2%，增速比规模以上工业高 3.8 个百分点。1—7 月，节能环保制造业增加值 982 亿元，增长 8.4%，增速比上半年加快 0.5 个百分点；生产增长提速，产业规模有所壮大。从月度看，2017 年 3—7 月节能环保制造业增加值增速分别为 6.6%、7.5%、9.4%、10.4% 和 11.2%，呈逐月提高的态势。7 月，节能环保制造业增加值占规模以上工业的 11.0%，比重比 2016 年同期提高 0.3 个百分点。①

3. 生态旅游发展迅速

生态环境资源获得有效保护的同时，旅游总收入不断提高。生态旅游建设较好地保护了自然保护区的旅游资源，截至 2017 年，浙江省建成了诸如天目山自然保护区、长兴地质遗迹自然保护区等国家级自然保护区 10 处，长兴扬子鳄自然保护区、东白山自然保护区、仙居括苍山自然保护区等省级自然保护区 15 处；建成千岛湖、玉苍山、雁荡山等森林公园 59 处；诸如杭州西溪湿地、杭州湾、衢州乌溪江等国家级湿地公园 10 处，绍兴鉴湖、上虞海上花田、东阳东阳江省级湿地公园 80 处。由旅游带来的收入从 2002 年的 710.7 亿元增加到 2013 年的 5536 亿元，旅游收入占全省 GDP 的比重不断提高。清洁能源利用占比超过两成：从 2016 年一次能源消费结构来看，水、核、风、光等非化石能源占比 16.7%，比 2015 年提升 0.7 个百分点，天然气占 5.2%，提升 0.3 个百分点，全省清洁能源利用占比达 20% 以上。②

可见，只有坚持绿色发展，大力建设资源节约型和环境友好型社会，建设山清水秀的美丽浙江，才能为人民群众创造干净、舒适的生产生活环境，为子孙后代留下一片蓝天净土。

（三）绿色经济发展的典型——仙居县生态经济的实践与探索

1. 仙居县绿色经济发展成效

仙居县在“绿水青山就是金山银山”思想的指导下，以绿水青山为资

---

① 《节能环保制造业增长持续提速》，2017 年 10 月 9 日，浙江统计信息网（http：//tjj.zj.gov.cn/）。

② 《2016 年浙江省能源发展报告发布：清洁能源利用占比逾两成》，2017 年 9 月 1 日，浙江新闻网（http：//news.zj.com/）。

源，打造了独具魅力的生态旅游资源。以生态绿道为亮点，统筹全局，促进全县美丽建设；以生态转型为抓手，走出生态工业发展路子；以生态宜居为目标，打造宜居城市新格局；以绿色论坛为载体，创新丰富绿色发展内涵，生态绿色发展取得了丰硕成果，被确立为全国唯一的“县域绿色化发展改革试点县”、“首批国家公园试点”、“首批国家旅游示范区创建单位”和“国家产业融合发展试点示范县”；先后获“国家生态县”、“中国长寿之乡”、“中国慈孝文化之乡”和“‘美丽中国’十佳旅游县”等荣誉。①

仙居农民将农业和旅游很好地结合在一起，在保护环境的同时，还促进了当地经济的发展。在仙居，一年四季都可以赏花，尝果子。仙居县在全县范围内引种油菜花、薰衣草、向日葵、杨梅、紫薇、荷花、牡丹花等，分季节、分地段，规划打造一批具有不同规模、体现不同主题的花卉观赏点，使仙居成为花团锦簇的四季花城。同时，还培育了 15 个“四季鲜果”采摘基地，拓展了水果采摘体验活动。2014 年，仙居被评为“年度最佳乡村旅游度假目的地”（评比活动由人民网和国际旅游协会联合主办）。

在工业方面，仙居县大力实施“工业强县”战略，打好“四换三名”组合拳，推进产业链的升级优化，全县生态工业发展体系日趋完善。2015 年 11 月，仙居县又被列入省首批“生态工业发展试点县”，着力打造生态工业高地。

另外，仙居依托其得天独厚的山水资源，得到了国内外户外爱好运动者的喜爱。2013 华东攀岩嘉年华、2014 中国首届水上攀岩大赛暨华东攀岩嘉年华、2014 中国·神仙居全球首届高空扁带挑战赛、2017 年“不忘初心 走向明天”浙江仙居徒步走，均在仙居举办。② 越来越多的户外运动落户仙居，仙居逐渐成为国内外户外运动者的天堂。

2. 仙居县绿色经济发展的举措

在生态农业方面，仙居县以生态农业发展理念为引领，充分依托本县

---

① 《市地厅级老领导一行来我县考察生态绿色发展工作》，2017 年 6 月 15 日，仙居新闻网（http：//www. rjxj. com. cn/）。

② 《绿色富民：绿水青山转换为金山银山》，2017 年 10 月 24 日，台州日报（http：//paper. taizhou. com. cn/tzrb/html/2017 – 10/24/content_ 851728. htm）。

特色农产品和资源优势，加快产业结构调整，积极推进产业化经营，高度重视农产品质量、安全和市场拓展，不断改善农业生产条件和生态环境，为发展生态农业奠定了坚实基础。

从国内环境来看，积极的政策导向为生态农业发展营造了良好的氛围。各级政府部门对生态农业发展高度重视，相继出台了一系列明确要求和政策措施，并作为转变农业发展方式的重大举措。2005 年，中央一号文件明确提出要鼓励和加快发展循环农业，着力构建资源节约、环境友好型现代农业产业体系。2010 年，浙江省委省政府提出生态省建设。仙居县因势利导，2010 年全面实施“生态立县”战略，加大资金投入，实行政策倾斜，因地制宜启动了循环农业示范园建设，鼓励和推动生态循环农业发展。仙居县制定的《关于加快农村土地承包经营权流转促进现代农业发展的若干意见》，以市场为导向，鼓励转包、出租、互换等形式流转，加强对土地流出和受让农户的引导；促进农村土地林地向农业园区集约。仙居县紧紧围绕农业园区建设，抓农业招商引资，形成国资、民资、港资、台资四资联动的资金格局。仙居县立足当地资源优势，结合区域种植传统，大力优化农业产业结构，初步形成了“高山菜、丘陵果、平原粮、溪滩鱼”的梯级结构，以仙居三黄鸡、仙居花猪为主要品种的畜牧业也得到了快速发展。广度、安岭、溪港等山区乡镇集中发展高山蔬菜产业，出现了“辣椒村”“茭白村”等“一村一品，一镇一业”的生产格局，农民人均收入的 75% 来自于蔬菜产业；以横溪、田市、白塔为主的盆地平原地区集中发展粮食种植，建设了 5 万亩绿色稻米基地，实现了粮食增产增质与农民增收协调发展。丘陵区域在大力发展经济果林种植的同时，把杨梅作为全县结构调整的主导品种，形成了“杨梅经济”。

仙居县凭借山水资源和人文景观的独特优势，积极与当地特色的农业生产活动相结合。目前，仙居县已在永安溪沿岸建立了多个生态休闲观光基地，有杨梅、葡萄、提子、草莓、蜜梨、柑橘等多处观光果园。同时，结合本县山塘水库众多的特点，发展了官路大北地溪、双庙革新、茶溪白云寺等垂钓中心。在结合神仙居大旅游的板块上，建成了集休闲、餐饮、农家体验于一身的综合性乡村旅游点，如田市李老汉农庄、横溪瑶琳居农庄等。

发展生态工业也是实现仙居县绿色经济发展、科学跨越的内在要求。按照绿色发展的要求，从仙居县的实际出发，“坚持‘工业强县’战略不动摇，积极推动工业高新化、集群化、循环化、融合化转型，提高全要素生产率，打造绿色引擎，推进形成‘生态优先、创新驱动、智造支撑、融合发展’新格局，开创绿色经济发展新境界”①。

（1）全面建立绿色化发展政策体系。仙居在全国最先研究制定《县域绿色发展指标评价体系》，从绿色经济、绿色环境、绿色社会和绿色治理四大方面进行评价和指标测算，积极探索建立以绿色为导向的综合评价体系。同时，还制定出台了《绿色项目引导目录》、《绿色项目审批和要素保障政策》、《生物多样性保护行动计划》、《绿色招商制度》、《仙居县生态文明旅游村创建行动实施方案》等 20 余项推动绿色化发展改革的“政策清单”，来充分激活绿色化发展后劲。

（2）全力推进清洁生产。以打造浙江省绿色制造业高地为目标，推动工业高新化转型，循环化生产，集群化发展。按照“工业进园区”的要求，实施传统产业绿色转型，引导现有医药企业整体向工业园区搬迁，设立高端医疗器械产业园，推进清洁能源示范县和工业园区循环化改造。引导工艺礼品行业向研发、设计和智能文化融合转型，创建时尚家居产业园。

仙居县发展绿色经济，既有独特的资源优势，又有紧迫的现实需要，在发展绿色经济方面大有希望，大有作为。仙居县将继续大力发展生态农业、现代服务业、绿色旅游业、特色文化产业，大力发展新能源、新材料产业，加快推进产业转型升级，唱响品牌，做强产业，壮大规模。

二　大力发展循环经济

党的十八大、十九大报告相继提出要推进循环发展，建立健全绿色低碳循环发展的经济体系。循环发展的核心是循环经济，相对于一般经济，循环经济要求经济质量有较大的提升。在发展循环经济过程中，既要做到

① 《做强生态工业，开创绿色经济发展新境界》，2016 年 12 月 29 日，仙居新闻网（http://www.rjxj.com.cn/）。

资源节约、环境友好，又要实现经济增长、人民群众生活有较大的改善。虽然我国东部地区工业生态园和东北一些资源性城市都在实施循环经济，但与欧美一些国家还有一定的差距。为了全面推进循环经济、循环发展，我国在第十一届全国人民代表大会常务委员会第四次会议上颁布了《中华人民共和国循环经济促进法》，制定了许多环境标准，并尽量通过技术和动力机制设计鼓励企业把废物开发利用作为接续产业进而改变那种“大量生产、大量消费、大量排污”的生产模式。党的十八大把初步建立资源循环利用体系作为2020年全面建成小康社会目标之一，要求经济发展方式转变更多地依靠节约资源和循环经济推动。中共中央、国务院《关于加快推进生态文明建设的意见》把发展循环经济作为生态文明建设的基本途径和重要任务之一，提出要在生产、流通、消费各环节大力发展循环经济。这些政策的提出都为循环经济的发展指明了方向。

（一）循环经济的提出

对于循环经济的理解，学术界有三种观点。第一种观点认为，循环经济本质上是生态经济，侧重于生产生活系统、废物处理系统与自然环境的关系，主张延长产业链。一方面，减少向自然界索取资源；另一方面，减少废物量，提高废物的可处理性。第二种观点认为，循环经济本质上是技术经济，通过提高生产生活系统和废物处理系统的技术水平，提高资源利用率，逐步趋近物质闭路循环。第三种观点认为，循环经济是新的增长方式，应该在现有资源、环境的约束下，变革传统的“大量投入、大量消耗、大量污染”的生产、生活方式，调整生产生活系统的再生产，实现经济的持续增长。[①] 无论哪一种观点都无一例外地表明，发展循环经济是一项涉及自然、经济、社会各个领域，生产流通各个环节以及地区、产业、企业各个方面的系统工程。围绕生态文明建设和循环经济试点省建设，以资源高效利用和循环利用为核心，以科技创新和制度创新为动力，加快形成节约能源资源和保护生态环境的产业结构、增长方式和消费模式，着力探索具有浙江特色的循环经济发展道路，努力实现经济社会可持续发展和人与自然和谐发展。

2005年11月6日，中国共产党浙江省第十一届委员会第九次全体会

---

① 叶文虎、甘晖：《循环经济研究现状与展望》，《中国人口、资源与环境》2009年第3期。

议通过《中共浙江省委关于制定浙江省国民经济和社会发展第十一个五年规划的建议》。该建议指出：大力发展循环经济，加强发展循环经济的地方性法规和评价体系建设，制定实施资源节约和综合利用总体规划以及再生资源回收利用等循环经济专项规划；积极推进废物回收和循环利用，完善再生资源回收、加工和利用体系。[①]

2008 年 9 月 26 日，时任浙江省委书记赵洪祝同志在省委十二届四次会议第一次全体会议上的报告中指出：要大力发展循环经济，积极推进清洁生产，抓好循环经济试点省工作，率先把浙江省建设成为全国循环经济发展示范区，加快形成节约能源和保护生态环境的产业结构和消费模式。[②]

2012 年 6 月 6 日，时任浙江省委书记赵洪祝在中国共产党浙江省第十三次代表大会上的报告中指出：全面深化循环经济试点省建设，实施循环经济“991 行动计划”，推动循环经济发展取得新成效。[③]

2014 年 5 月 23 日，中国共产党浙江省第十三届委员会第五次全体会议通过《中共浙江省委关于建设美丽浙江　创造美好生活的决定》。该决定指出：大力推进循环经济发展，积极推进园区循环化改造，全面提高再生资源综合利用水平。[④]

2017 年 2 月 27 日，浙江省发展和改革委员会发布《浙江省绿色经济培育行动实施方案》，明确“深入发展循环经济”的四项任务：实施新一轮“991 行动计划”；大力推进循环性生产方式；着力提高资源循环利用效率；积极推进循环经济体制机制创新。

发展循环经济是一项涉及自然、经济、社会各个领域，生产、流通、消费各个环节的系统工程。只有坚持发展循环经济，才能尽快形成节约资源能源和保护生态环境的产业结构、增长方式和消费方式，实现经济社会可持续发展和人与自然和谐发展。

---

① 《中共浙江省委关于制定浙江省国民经济和社会发展第十一个五年规划的建议》，《浙江年鉴》，浙江年鉴社 2005 年版。

② 《省委十二届四次全会第一次全体会议上的报告》，《浙江年鉴》，浙江年鉴社 2008 年版。

③ 赵洪祝：《中国共产党浙江省第十三次代表大会上的报告》，《浙江年鉴》，浙江年鉴社 2012 年版。

④ 沈正玺：《中共浙江省委关于建设美丽浙江　创造美好生活的决定》，《浙江日报》2014 年 5 月 24 日。

（二）循环经济的发展成效

浙江省循环经济的发展成效主要体现在三个方面。

1. 构建了一批循环经济产业链

例如，依托宁波石化、台州大石化等一批石化产业园区建设，推进炼化一体化项目，提升了炼油和乙烯生产能力，延伸发展了合成树脂、合成橡胶、聚碳酸酯等石化产业链；以废弃物资源化利用、中水回用、余热利用为重点，在纺织印染、皮革制造、造纸等行业构建了能量和物质梯级利用的循环型产业结构；等等。产业集聚给循环经济产业链中的各个企业提供了更好的平台，使得资源循环利用更加灵活、便捷，并进一步降低产品成本，提高产品的市场竞争力，吸引更多的企业加入循环经济。例如，以废金属、废塑料等开发利用为重点，构建了再生资源回收利用产业链，一方面提高了资源的利用率，保护了环境；另一方面，降低了生产成本，提高了利润。

2. 资源综合利用水平有效提升

水资源综合利用率显著提高：全省总用水量减少，工业、农业用水量逐步降低，水资源利用率有了极大的提高。根据浙江省水资源公报显示，2015 年全省用水总量控制在 186.06 亿立方米，比 2009 年下降 31 亿立方米；万元工业增加值用水量下降至 29.2 立方米，较 2010 年下降 38.2%；农田灌溉水有效利用率达 58.2%，比上一年提高了 0.2 个百分点。再生资源回收利用水平提升，例如宁波 2013 年的餐厨垃圾日处理量已达 240 吨左右，市六区及宁波高新区已实现对 80% 餐厨垃圾的统一处理，在全国处于领先地位。

3. 培育了一批循环经济示范点

2010 年，评选出 10 个园区和 100 家企业作为浙江省第一批工业循环经济示范园区和企业，2011 年评选出 5 个园区和 76 家企业作为浙江省第二批工业循环经济示范园区和企业，2012 年评选出 10 个园区和 59 家企业作为浙江省第三批工业循环经济示范园区和企业，2013 年评选出 8 个园区和 46 家作为浙江省第四批工业循环经济示范园区和企业，2014 年评选了 5 个园区和 33 家企业作为浙江省第五批工业循环经济示范园区。“十二五”期间，浙江争创循环经济领域主要国家级示范试点近 40 个，实施循环经济重点项目近1400个。[①] 这些循环经济示范点在生产和消费的源头努力控制废弃物的产生，对可利用的产品和废物循环利用，对最终不能利用的产品进行合理处理处置，实现物质生产、消费的“低开采、高利用、低排放”，最大限度地高效利用资源和能源，减少污染物排放，促进环境与经济的和谐发展，对浙江其他地区发展循环经济提供良好的借鉴作用。

（三）循环经济发展的典型——永康五金循环利用

循环经济即经济循环化，通俗理解就是“资源回收利用”。不过，随着社会的进步，循环经济的内涵已经涵盖工业、农业、日常生活等各个领域。永康市作为首批“浙江省发展循环经济先进市”，它凭借自身在五金发展上金属资源丰富的先天优势，借助现代科技，打造出了一条金属回收的循环经济产业链。永康市循环经济的发展，为浙江省其他地区发展循环经济提供了经验和启示。

1. 永康循环经济发展成效

（1）永康发展成为我国最大的五金产品生产基地和原材料集散中心。随着产业规模的不断壮大，当地五金加工和车业、门业及电动工具等后续产业对原材料增长的需要的显露，个体经营回收废旧资源的积极性被激发，永康人在全国各地采购废旧资源。进入21世纪，废旧资源回收利用行业规模迅速壮大，专业合作社社员快速增加。但永康由于废旧回收市场的不健全，经营户只能利用非专业性的分散小市场，甚至庭院角落进行存贮、经营废旧资源。为改变硬件设施与经营规模发展速度不相适应的状况，2001年一个占地122亩、总投资3000余万元的永康市废旧金属材料市场被建设起来。2014年，永康有五金企业10000多家，规模以上企业共730家，其中五金行业632家，占86.7%；规模以上企业产值907亿元，五金行业合计813.84亿元。现已形成车业、门业、金属材料、电动工具等八大支柱产业，全市有近万种五金产品，其中有10多种产品销量居全国之首，100多种产品销量居全国前三。研究表明，尽管近年八大支柱产业产值占比略有变动，但五金行业产值占全市比重

① 《2020年万元GDP用水量下降到35立方米》，2016年7月14日，杭州日报（http：//www.hangzhou.com.cn/）。

始终保持在90%左右。[①] 目前，废旧资源的原料来源由原来的走街串巷收购发展到从国内收购与国外进口相结合的多元化回收模式，且已基本形成“再生资源回收站点—再生资源分拣中心—再生金属回收中心—再生金属集散市场”这样一整套完整的废旧资源回收体系，并通过向上下游产业链延伸和行业拓展，现已发展成为我国最大的五金产品生产基地和原材料集散中心。

（2）在资源循环利用基础上形成了三种特色区域经济模式。第一种是资源循环利用与传统技术相结合。这一模式以本区域工商业传统及手工业技术为依托，充分利用资源回收利用体系，既解决原料来源，又形成价格优势，以此提升本地传统产业。在传统工业发展过程中，众多民营中小企业在该区域内扎堆，繁衍壮大。例如永康五金制造业，主要通过购入大量废铝废铜等再生金属资源，并以此为原材料依托，打造出“五金之都”，形成特色鲜明的区域经济。

第二种是进口拆解与资源循环利用。随着浙江制造业的快速发展，单纯依靠国内废旧资源的回收已不能满足本地区的需求，进而形成以进口废旧资源拆解业为基础，带动区域特色发展的新模式。这一模式的发展，在初期主要依托国外大量进口废旧电机资源，依靠劳动力成本优势，通过对进口废旧电机的拆解、分拣及加工，再通过对周边地区提供半成品和成品，进而形成区域特色产业，进而打造了“轿车之都”、“摩托车之都”等。

第三种是资源循环利用与产业链延伸。早期以废旧资源回收利用为切入点，拓展地方产业链，并利用本地区相关产业发展优势，弥补产业链上的薄弱环节，激励企业自主创新，提升产业层次，提高企业的创新能力和产品竞争优势。改革开放初期，永康人就开始发展废铝、废铜、废铁等废旧金属回收利用产业，废旧资源再利用不仅为五金制造业降低了原料成本，而且促进了五金产品的种类繁衍和规模扩张。例如，利用废铝冶炼的合金铝，既可用于小五金制造，又可用于电线电缆、汽车和摩托车的配件

---

① 毛照东：《永康发展循环经济，推进资源节约与高效利用之研究》，《嘉兴学院学报》2006年第18卷第6期。

等大铸件制造，再生铝每吨便宜1000元以上。与原铝价格相比，废旧资源回收降低了生产成本，民营经济的机制灵活性也降低了企业管理费用，在市场竞争中形成价格优势，拓宽了发展空间，从而促进了产业链迅速延伸，企业快速集聚。而集聚于同一区域内的五金企业因地缘相近，低廉的原料获取成本及低价运输成本，形成了特有的五金制造优势。专业化的分工与协作，不仅降低了生产成本，也提高了资源利用效率。

永康在资源循环利用过程中，将自身的实践经验以理论的形式展现出来，一方面明确了永康循环经济的特色和发展方向，另一方面也为浙江其他地区循环经济的发展提供了有益借鉴。

2. 永康循环经济发展举措

永康发展循环经济的主要举措有以下四个方面。

（1）建构循环型生产方式。首先，完善提升“城市矿产—五金制造—废金属回收—再生金属”循环产业链。永康市积极依托发达的五金产业市场网络和废金属材料，加快建设工业园区分拣中心，深化完善现有再生资源回收体系。在加强铜、铝、不锈钢等废旧金属的加工利用，推动再生资源利用产业向下游精深工业领域延伸，打造再生金属加工利用产业联盟延伸五金制造产业链的同时，提升五金、汽车、现代农业装备等制造产业水平，进一步完善提升具有永康特色的循环经济产业链。其次，加快提升循环型五金制造产业。立足永康五金发展优势及基础，围绕全市战略性新兴产业发展导向，结合循环经济“四节一利用”①重点环节，做精做强传统五金制造业。最后，积极发展绿色生产性服务业。依托现有五金专业市场，发展完善绿色生产性服务业，为制造产业提供从产品立项到产品营销与服务全方位支持，建立支持现代五金产业集群升级发展的绿色服务性产业体系，并将该体系打造成工业与服务业共生融合发展的新典范。

（2）形成循环型流通方式。首先，构建发达的现代物流产业集群。在这一过程中，要求在做到资源整合的同时实现资源创造，充分利用和开拓大通道、大市场、大物流，实现产业和循环型流通方式的协调发展；通过推进区域物流节点的布局、区域交通网络的改善和区域物流信息网络的建

① “四节一利用”：指节能、节地、节水、节材和提高资源利用率。

设，吸引和培育一批具有较强竞争力的物流企业集聚。其次，打造产业基地型物流企业服务示范区。在打造产业基地型企业服务示范区的过程中，重点发展面向制造产业集群和专业市场集群的产业基地型物流服务体系，侧重发展专业仓储、货运配载、干线运输等功能环节。最后，做大五金电子商务。做大五金电子商务要借力五金城集团、永康废金属材料市场，并整合全球五金网和五金商城，加快五金行业网络市场交易建设，打造全球最大的五金市场和再生原材料市场建设。

另外，培育发展网上专业化经营性公司。依托阿里巴巴等电商企业，规划构建集办公、交易、仓储、配送、信息、休闲于一身的中国五金电商商务园。优化电子商务物流配送体系，形成高效支撑电子商务广泛应用的现代快递体系。

（3）推广普及绿色消费方式和生活方式。首先，大力倡导绿色消费理念。绿色消费理念的培育涉及生活的点点滴滴。永康市政府将绿色消费理念的培育工作与绿色乡村、美丽社区等的创建工作结合起来，广泛开展绿色消费理念宣传，普及节水、节纸、节能、节电、节粮食的方法，推广绿色低碳产品，倡导绿色消费、适度消费理念。为加快绿色消费理念的创立，政府还组织开展了“绿色消费全民行动”和“节能减排家庭社区活动”等大型主题宣传活动，积极发挥民间社会团体和非政府组织的作用，让绿色消费理念像春风一样无处不在。其次，推广绿色生活方式。政府财政补贴高效照明灯具；推广新型墙体材料运用，引导消费者购买绿色建筑等，这些举措都对绿色生活方式的推广具有积极意义。

（4）建设社会层面资源循环利用体系。首先，完善城市生活垃圾分类回收体系。对垃圾进行分类回收，提高垃圾处理能力，加强垃圾资源的回收利用，为居民创造更好的居住环境的同时，提高资源的利用效率。其次，深化生产系统和生活系统的循环链接。构建布局合理、资源节约、环保安全、资源共享的生产生活公共体系，借助企业的力量实现生产系统和生活系统的循环链接。在这一方面，政府积极鼓励企业协同处理垃圾，实现垃圾的资源化。

浙江省发展循环经济意义重大。发展循环经济是实施资源战略、促进资源永续利用、保障浙江经济安全的重大战略措施。发展循环经济是防止污染、保护环境的重要途径，同时也是应对入世挑战、促进经济增长方式转变、增强企业竞争力的重要途径和客观要求。在浙江省“十三五”规划中，对循环经济提出了新的目标：到2020年，主要再生资源回收利用率达到75%，工业固体废弃物综合利用率达到95%，规模畜禽养殖场整治达标率达100%。实现资源循环利用效率大幅提高，循环型产业体系初步建立，循环型社会建设取得新的进展，循环经济发展环境进一步改善。

三　大力发展低碳经济

随着经济的迅速发展，由碳排放所引起的气候问题受到全球范围的关注。人们正通过各种途径以期达成经济发展和生态保护之间的平衡，低碳经济正是在这样的情况下应运而生。

（一）低碳经济的提出

大力发展低碳经济，是生态文明建设的客观要求，也是实现人与自然关系和谐的必然选择。低碳经济发展模式主要体现在经济发展过程中的低能耗、低排放、低污染。发展低碳经济，有利于实现经济发展由传统的高能耗、高排放的发展模式向可持续发展模式转变。发展生态浙江必须发挥低碳经济的作用。低碳经济是指在可持续发展理念的指导下，通过技术创新、制度创新、产业转型、新能源开发等手段，尽可能地减少煤炭、石油等高碳能源消耗，减少温室气体排放，达到经济社会发展与生态保护双赢的一种经济社会发展形态。

低碳经济有两个基本点：其一，它是包括生产、分配、交换、消费在内的社会再生产全过程的经济活动低碳化，把二氧化碳排放量尽可能减少到最低程度，乃至零排放，来获得最大的经济效益。其二，它是包括生产、分配、交换、消费在内的社会再生产全过程的能源消费生态化，形成低碳能源和无碳能源的国民经济体系，保证生态经济社会整体的绿色发展、清洁发展、可持续发展。低碳经济的基本内涵是经济增长与碳排放脱钩的经济发展方式。其中，当经济增长率高于碳排放增长率时，是相对的低碳经济发展；当经济稳定增长而碳排放不增长或负增长时，则是绝对的低碳经济发展，这两者统称为低碳经济发展。

2005年11月6日，中国共产党浙江省第十一届委员会第九次全体会议通过《中共浙江省委关于制定浙江省国民经济和社会发展第十一个五年规划的建议》，指出：控制高能耗项目，禁止高污染项目，淘汰浪费资源、污染环境的落后生产工艺和设备，扶持发展污染小、消耗低、效益高的资源节约型产业。推广高性能、低耗材、环保型的建筑材料，建设节能省地型住宅和公共建筑。开发和使用环保型运输工具，建设绿色交通系统。①

2010年6月30日，中国共产党浙江省第十二届委员会第七次全体会议通过《中国浙江省委关于推进生态文明建设的决定》，指出：大力发展低碳技术，全面推进国民经济各领域、生活各环节的节能，重点抓好电力、钢铁、有色金属等行业高能耗设备的淘汰和改造，加强工业余热利用，着力提高能源利用效率，促进单位生产总值能耗进一步下降；研究开发碳捕获和碳固化技术，促进单位生产总值二氧化碳排放强度不断下降。②

2012年6月6日，赵洪祝在中国共产党浙江省第十三次代表大会上的报告中指出：全面推进节能降耗，突出抓好工业、交通、公共机构、居民生活等重点领域和重点耗能企业节能工作，积极发展绿色建筑，推进低碳试点示范。③

2014年5月23日，中国共产党浙江省第十三届委员会第五次全体会议通过《中共浙江省委关于建设美丽浙江　创造美好生活的决定》，指出：发展绿色循环低碳经济。切实加强资源能源节约，加快推动资源利用方式根本转变，加强节约型社会建设。加快淘汰高能耗、高排放落后产能，积极发展太阳能、风能等新能源和可再生能源。严格实施用水总量管理，加快建设节水型社会。大力推进循环经济发展，积极推进园区循环化改造，全面提高再生资源综合利用水平。加快建立和推广现代生态循环农业模式，大力发展无公害农产品、绿色食品和有机产品。发展现代林业经济，带动山区林农增收致富。推进工业园区生态化改造，全面推行清洁生产审核。鼓励企业开发绿色低碳产品，建立实施绿色采购消费政策。积极构建

---

① 《中共浙江省委关于制定浙江省国民经济和社会发展第十一个五年规划的建议》，《浙江年鉴》，浙江年鉴社2005年版。

② 《中共浙江省委关于推进生态文明建设的决定》，《浙江年鉴》，浙江年鉴社2010年版。

③ 赵洪祝：《中国共产党浙江省第十三次代表大会上的报告》，《浙江年鉴》，浙江年鉴社2012年版。

以低能耗、低污染、低排放为基础的低碳经济发展模式。[①]

浙江省以率先实现更高要求的全面小康和加快推进基本实现现代化为目标，以政府推动、企业主动、市场驱动、公众互动为主要驱动力，依靠制度创新和科技创新，通过推进产业结构低碳化调整、提高能源利用效率、优化能源结构等途径，打造具有浙江特色的经济发展与碳排放脱钩的经济体系，努力实现人口、资源、环境与经济社会协调发展。

（二）低碳经济发展成效

1. 碳排放控制能力进一步提高

浙江省低碳发展报告的数据显示，截至 2014 年，浙江省在大力推动健康、旅游等绿色低碳产业的发展过程中，单位能耗产出较高的服务业增加值同比增长 8.7%，占 GDP 的比重达 47.9%，占比首次超过第二产业；大力推进对高污染企业的整治工作，关停高污染小作坊 188 万家；实施生态农业“2115”示范工程，全省秸秆利用总量达 1008 万吨，利用率达 85.54%。2016 年，非化石能源占比为 16%，即由之前的 8.3% 提高到 16%；能源消费当中，煤炭消费量占能源消费总量的比重明显下降，2010 年煤炭占能源消费的比重高达 61.3%，2015 年下降到 52.2%。通过加大节能降耗力度，推动碳强度大幅下降。加快推行合同能源管理，全省共实施省级能源改造项目 400 多项，年节能量 200 多万标煤。浙江省在努力降低碳排放的同时，也稳步发展清洁能源。截至 2014 年，全省建成水电站 8 座，完成 50 座电站更新改造，新增投产装机 518 万千瓦，新增年发电量约 1.2 亿千瓦时，新增风电装机 25 万千瓦。

2. 低碳试点扎实推进

温州市积极探索“以低碳产业为主导，以低碳金融为特色，以低碳能力建设为支撑，以低碳社会为基础”的特色低碳道路，建立低碳城市专项资金，加快传统支柱产业改造提升，制定十大新兴产业发展规划。

宁波市加快推动探索临港工业城市低碳发展道路，注重结构性减排和综合能效提升，加快石化重大装置布局，控制高能耗产业规模，深化国家

① 沈正玺：《中共浙江省委关于建设美丽浙江，创造美好生活的决定》，《浙江日报》2014 年 5 月 24 日。

低碳交通试点，有力推动重点领域示范建设。

杭州市扎实开展各项低碳实践活动，其发展呈现“低碳经济加速发展，低碳交通逐步健全，低碳建筑有效推进，低碳生活深入推广，低碳环境取得成效，低碳社会稳步推进”的特点，各项主要指标均提前完成。

（三）低碳经济发展的典型——杭州市下城区打造低碳城区

2008 年 7 月，杭州市提出要在全国率先打造“低碳城市”的构想。2009 年 12 月，杭州市委、市政府作出了《关于建设低碳城市的决定》，提出打造低碳经济、低碳建筑、低碳交通、低碳生活、低碳环境和低碳社会“六位一体”的“低碳新政”。“低碳新政”明确，到 2020 年，全市万元生产总值二氧化碳排放比 2005 年下降 50% 左右。2010 年 7 月，杭州和其他 12 个省、市的低碳试点获国家发改委批准。

1. 杭州市下城区低碳经济发展成效

杭州市下城区扎实开展各项低碳实践活动，总体呈现各项低碳经济加速发展、低碳交通逐渐健全、低碳建筑有效推进、低碳生活深入推广、低碳环境取得成效、低碳社会稳步推进的特点。

（1）低碳经济加速发展。杭州市下城区大力推进“退二进三”战略[①]，运用先进科学技术，构建城市新空间。作为国家可持续发展的试验区，杭州市下城区对如何打造低碳城区进行了不断的研究与探索，并取得了喜人的成就。在推进经济社会转型升级过程中，下城区一方面大力推进高能耗高污染企业转移外移；另一方面，大力发展现代服务业，积极发展无污染、低能耗的高科技产业，产业结构不断优化，成效显著。

下城区创建的“低碳城区”已经成为杭州市中心城区发展的新要求、新方向，成为经济社会转型的新动力、新引擎，成为政府公共管理的新内容、新方向，成为城市资源整合的新目标、新方向。另外，金融、信息软件、文化创意、科技中介服务等低碳产业迅速发展，促进下城区的生态建设不断完善。

（2）居民消费低碳化。家用节能灯和节能电器使用率大幅度提高，促

---

① 是指 20 世纪 90 年代为加快经济结构调整，鼓励一些没有产品市场或濒临破产的中小型国有企业从第二产业中退出来，从事第三产业的一种做法。

使绿色学校、绿色医院、绿色家庭等绿色项目进一步扩大；公众参与低碳出行计划，居民低碳出行，借助社区、媒体、学校等传播中介，使低碳理念深入人心；在构建数字化城区新空间过程中，下城区以“科技为依托”，大力推行数字化战略，扩展城区新空间，已初步形成低碳城区运行的新模式。

2. 杭州市下城区低碳经济发展的举措

杭州市下城区紧跟低碳经济发展步伐，从建立温室气体排放体系、发展低碳产业、打造低碳建筑、发展低碳交通等方面响应杭州市打造“六位一体”的低碳城市的目标。

（1）建立温室气体排放体系，组织实施低碳城市发展规划。践行紧凑型城市发展理念，试行规划设计低碳评估工作；建立温室气体排放数据统计和管理体系；建立低碳城市指标体系。

（2）推动产业转型升级，发展低碳产业。建设低碳产业集聚区，大力发展低碳产业，大力发展循环经济并严格执行固定资产投资项目节能评估和审查制度。

（3）推动建筑节能，打造低碳建筑。第一，以杭州市编制和组织实施的《杭州市建筑节能管理条例》为活动准则，依法推进下城区的建筑节能工作；第二，深化建筑节能示范；第三，积极推进光伏发电建筑应用重大项目的实施；第四，推进既有建筑节能改造试点。

（4）倡导低碳交通，营造低碳环境。第一，加快推进“公交优先”战略，构筑地铁、公交车、出租车、水上巴士、公共自行车“五位一体”的大公交体系；第二，大力发展公共自行车；第三，加强公交智能化管理；第四，积极推进交通运输节能。与此同时，加强低碳城市建设的舆论宣传，组织开展全民节能减排行动，落实《节能减排全民行动实施方案》，确保完成省政府下达杭州市的单位地区生产总值能耗指标，推进全国第二批再生资源回收体系建设试点城市工作，加快建设中国杭州低碳科技馆。

发展低碳经济，是我国实现科学发展、和谐发展、绿色发展、低代价发展的迫切需求和战略选择。这既促进节能减排又推进生态建设，实现浙江经济社会可持续发展，又与国家正在开展的建设资源节约型、环境友好型社会在本质上保持一致，与国家宏观政策相吻合。发展低碳经济，确保能源安全，是对经济和生态的有效控制。

第二节　生态文化在浙江的发展

中国五千多年的悠久历史为我们留下了丰富的文化遗产，生态文化也是其中一部分。我国古代的生态文化主要是围绕人与天地之间的关系展开的。先秦时期，我国就出现过有关生态保护的法律。譬如，《礼记·月令》中规定："命祀山林川泽，牺牲毋用牝。"即春天祭祀，母兽都在孕育幼崽，只能用公兽而不能用母兽。《尚书》指出："唯天地、万物父母。"天地既生万物也生了人，人是自然之子。所以，人应该尊重天地，效法天地，遵从自然法则，才不会犯错误。《周易》明确提出"天人和谐"思想，"与天地相似，故不违；知周乎万物，而道济天下，故不过；乐知天命，故不忧"，"裁成天地之道，辅相天地之宜"。这些论述昭示人们，从天地万物中了解自然之道并且让普天下人都明白自然之道，那么人的行为就不会有错误。正如十九大报告中指出的，"人与自然是生命共同体，人类必须尊重自然、顺应自然、保护自然。人类只有遵循自然规律才能有效防止在开发利用自然上走弯路，人类对大自然的伤害最终会伤及人类自身，这是无法抗拒的规律"。随着实践的发展，我们越来越深切地认识到，人与天地万物同源，生命本质同一，人应当与自然和谐共生，像对待生命一样对待生态环境。

一　古代中国的生态文化及浙江因素

中国自古以来就十分注重天人关系，重视对生态环境的保护，在生态保护的过程中形成了朴素的生态文化思想。

（一）古代中国的生态文化与实践

1. 古代中国的生态文化思想

古代中国的思想家们认为，人和万物都是自然界的一部分，换言之，人是自然万物中的普通的一分子，而不是大自然的主宰，人在活动过程中应当注意生态保护。古代的生态文化主要体现在"天人合一"思想中。"天人合一"思想最早体现在老庄的哲学思想中，后被汉代董仲舒发展为天人合一的哲学思想体系。老子《道德经》曰：“道大，天大，地大，人亦大。域中有四大，而人居其一焉。”这“四大”既不相互冲突，也不杂乱无章，而是井然有序、和谐统一的，这集中体现在“人法地，地法天，天法道，道法自然”，即人类在改造自然的活动中要尊重天地万物自然存在的状态及其运行规律，尽量克制自己的占有欲、好奇心，避免无限制地扩张，尊重其他物类存在的权益，尽可能地减少与其他物类发生矛盾与冲突，实现人与自然万物的平等与和谐统一。《庄子·齐物论》中也提出：“天地与我并生，万物与我为一。”

中国的“天人合一”思想强调人与周围环境的协调同步，人类应该处理好与自然的关系，认识自然，尊重自然，保护自然，而不能破坏自然，反对一味地向自然索取，反对片面地利用自然与征服自然。董仲舒在《春秋繁露》中说，“何为本？曰：天、地、人，万物之本也。天生之，地养之，人成之。……三者相为手足，合以成体，不可一无也”。也就是说：天生长万物，地养育万物，人成就万物，它们之间分工合作，不能破坏，否则就会有“自然之罚”。

2. 古代中国的生态文化实践

我们的祖先不仅有丰富的生态文化思想，并且能把这些思想落实到制度、风俗和行动层面上。

（1）建立生态环境保护机构。《周礼》所载的“虞”和“衡”就是专门负责保护自然资源和环境的专职机构，历史上很多朝代都设置过“虞”“衡”等机构。先秦时虞衡有山虞、泽虞、林衡、川衡之分。山虞负责制定保护山林资源的政令，如在有山林物产的地方设置藩篱为边界，严禁人们入内乱砍滥伐。林衡则为山虞的下级机构，其职责是负责巡视山林，执行禁令，调拨守护山林的人员，督查他们的行为，赏优罚劣。泽虞与山虞类似，泽虞下属的川衡，与林衡类似，它们的区别在于川衡管川泽鱼鳖，林衡管山林草木。唐宋以后，虞衡兼管一些其他任务，比如虞部兼管郎中、员外郎之职。虞部的任务主要有五项：一管京城绿化街道；二管山林川泽政令；三管苑囿；四管某些物资的供应；五管打猎。五项中有四项都是涉及环境保护的。明清时期设虞衡清吏司管山泽采捕、陶冶之事，明确规定处于冬春之交的时候，捕鱼的网不能放入川泽中；处于春夏之交的时候，毒药不能撒入田野之中；规定名胜古迹不能砍柴、放羊等。

（2）颁布生态环境保护法令。除了设置官职保护环境以外，历朝历代还颁发了一系列相关的诏条和法令。比如，规定春天不能捕幼虫幼兽。据记载，早在夏朝就有“禹禁”的规定：“春三月，山林不登斧斤，以成草木之长；夏三月，川泽不入网罟，以成鱼鳖之长。”[①] 大致意思就是，规定百姓们春天不能砍树，夏天不能乱捕鱼，让树木和鱼获得充分的生长。

《礼记》是记载古代典章制度的书，其中不少的制度是关于保护环境的。比如，《礼记·月令》根据保护生物资源及生产的需要，提出相应季节的具体规定，如孟春之月“命祀山林川泽，牺牲毋用牝。禁止伐木。毋覆巢，毋杀孩虫、胎夭飞鸟、毋麛毋卵。”即要求春天不能用雌鸟或兽祭祀，不能砍树，不能杀怀孕的母兽以及幼虫、幼兽和禽卵等。在《礼记·曲礼》中，对打猎活动作出原则规定：“国君春田不围泽，大夫不掩群，士不取卵者。”即国君春天打猎，不能采取合围猎场的办法，大臣们不得整群猎取鸟兽，也不得猎取幼兽或捡取鸟蛋，以保护鸟兽使其能正常繁殖。《礼记·王制》还规定，正月獭祭鱼（獭是一种两栖动物，喜欢吃鱼，它常把捕到的鱼放在岸上，很像陈列祭祀的供品）以后，管理水泽的虞人才可以下水捕鱼；九月豺祭兽之后，才能猎兽。

古代典籍中属于保护禁令的记载很多，除了《礼记》中的规定外，比较典型的是《吕氏春秋》中的“四时之禁”，即在规定的季节中，禁止随便进山砍树，禁止割水草烧灰，禁止打鸟狩猎，禁止捕捞鱼鳖，否则皆为“害时”之举。战国时期，秦国颁布的《田律》是最早最典型的保护环境的法律。在《田律》中，有这样的规定：“春二月，毋敢伐材木山林及雍堤水。不夏月，毋敢夜草为灰、取生荔麛彀，毋毒鱼鳖、置阱罔，到七月而纵之。”也就是说，春天二月，不准到山林中砍伐木材，不准堵塞河道。不到夏季，不准烧草做肥料，不准采摘刚发芽的植物，或捉幼虫、鸟卵和幼鸟，不准设置捕捉鸟兽的陷阱和网罟，到七月解除禁令。

中国历朝历代颁布的关于保护生态环境和自然资源的法令，形成了保

---

① 孔子、刘向：《逸周书·大聚解》第四十，古文网（http：//www. gushiwen. org/GuShiWen_20fb4286ef. aspx）。

护生态环境的优秀传统。以法律制度形式固定下来的生态环境保护思想，有效地约束了人们的行为，规范了社会活动，凝聚成独具特色的中国古代生态文化。虽然各个时期在保护生态环境的动机与力度上存在差异，但总体表现出中国传统文化中所具有的生态主义色彩。在古代，人们更加强调对自然的敬畏和尊重。顺应自然是先哲们的核心思想，也是他们留给我们解决生态问题的宝贵经验。在科学技术不断进步发展的今天，我们不仅不应忘记自然乃人类之本，更不应忘记“天人合一”的古训。

（二）古代浙籍思想家的生态文化思想

在中国古代丰富的生态文化中，浙籍思想家占有重要位置。汉代思想家王充（浙江上虞人）继承了古代朴素唯物主义思想，对天地性质做了富有生态哲学的解释。他认为天地的运行是一个自然变化的过程，人和万物都是在天地自然中产生的。“气”是派生人、天地、万物统一的基因，天地万物与人都是由“气”而生，从而把天地万物看成一个统一于“气”的整体，肯定了人同自然界的统一联系，以此来要求人类活动应当顺应自然规律，与自然和谐相处。他用“气”和“气化说”阐释万物的生成变化，是对生态文化哲学思想较早的系统理论阐述。

宋代科学家沈括（浙江杭州人）所著《梦溪笔谈》是一部涉及古代中国自然科学、工艺技术及社会历史现象的综合性笔记体著作，被英国科学史家李约瑟称为“中国科学史上的里程碑”。他提出修改历法的主张，以十二节气定月份，大月 31 天，小月 30 天，大小月相间，这种历法使农业生产安排与自然节律更好地吻合。

明代著名思想家王阳明（宁波余姚人）重视自然知识，重视天道，提倡知行合一，皈依自然。“是故见孺子之入井，而必有怵惕恻隐之心焉，是其仁之与孺子而为一体也；孺子犹同类者也，见鸟兽之哀鸣觳觫，而必有不忍之心焉，是其仁之与鸟兽而为一体也；鸟兽犹有知觉者也，见草木之摧折而必有悯恤之心焉，是其仁之与草木而为一体也；草木犹有生意者也，见瓦石之毁坏而必有顾惜之心焉，是其仁之与瓦石而为一体也。”① 在王阳明看来，天人一心，万物一体。人在取用万物时，还应当养护万物，

---

① （明）王守仁：《王阳明全集》（全二册），上海古籍出版社 1992 年版。

而不是竭泽而渔。人在取用禽兽、草木时，需要有所养护，使其得以再生，它们才能得以再生。同时，出于正当目的的适量取用才是合理的，才不会破坏人与万物的共生关系。正当目的是为了保存某些事物，适量取用是保护被取用的事物，二者结合起来才有利于生态。

"天人合一"在中国传统文化中不仅是一个哲学命题、伦理原则，更是中华民族传统文化的核心价值。"天人合一"包含着对人与人之间关系的认识，更包含着人对自然关系的探索。"天人合一"主张世间万物是一个有机的生命体，人与自然和谐统一，是一种宇宙的、生态伦理的道德情怀，追求"天、地、人"的整体和谐。古代浙江追求"天人合一"的生态思想，对于浙江生态经济的发展，具有巨大的指导作用。

二　当代浙江生态文化

科学技术的迅猛发展增强了浙江改造自然的能力，浙江经济总量和人民物质生活水平都在不断提高，但是资源问题、环境问题却日益严峻。为使经济和环境协调发展，浙江人民积极探索，成功走出了一条"生产发展、生活富裕、生态良好"的发展道路。从提出"绿色浙江"到实践"生态浙江"，再到推行"美丽浙江"，反映了浙江省推进生态文明建设实践的深入发展和生态文化的成熟过程。浙江省历届省委主要领导始终保持清醒头脑，坚持经济、生态两手抓。"绿色浙江"、"生态浙江"、"美丽浙江"的理念并不是一蹴而就的，浙江的生态文化理念、生态价值观的形成也经历了一个发展过程。

（一）现代生态文化理念的发展

浙江特色的生态理论是浙江省在长期的社会主义建设实践过程中萌芽、形成和成熟的。新中国成立以来，浙江的生态理念发展大致可以分为三个阶段。

1. 人与自然的对立——"人定胜天"的思想理念

新中国成立初期，浙江省同其他地区一样，面临的是一穷二白、百业待兴的局面。资金和技术的极度匮乏使我们只能更多依赖人力资源，在这样的环境下，"人定胜天"的生态理念成为生产力发展的重要动力。"人定胜天"的生态理念也成为浙江人民看待、处理人与自然关系的准则，成为那个时期的自然观和环境观，也是那个时期的主旋律。“人定胜天”中的“天”即为自然界，就是说人类可以战胜自然界，可以改造自然界。人类可以按照自己的需要去改变自然界的面貌，使之更适应人类的生存需要。人类最终能够战胜自然界带给人类的各种束缚，达到在自然界自由生存的境界。

“人定胜天”诞生于新中国成立初期的历史环境，具有一定的历史合理性和革命性，在当时有利于激发人民的积极性，促进经济的发展。但是由于人们过分陶醉于对自然的征服而给自然环境和人类自身带来了巨大的灾害。20 世纪 50 年代末至 60 年代中期，浙江的环境保护走入低谷，生态环境恶化。农业“放卫星”大刮浮夸风，工业“赶英超美”欲实现高速增长，“以钢为纲”的全民炼钢运动，这些错误的指导理念导致大量的森林横遭破坏，许多树木被砍伐，全省上下投入大规模破坏自然环境的运动中。由于违反了自然界的客观规律，那些被人为开垦的山丘荒地、草地面临着生态退化和沙化的局面，给浙江的生态环境造成长期的破坏。

2. 人与自然的和解——生态保护意识的萌发

邓小平同志较早意识到了环境保护的重要性，为我国生态文明建设提供了许多建设性的意见和建议。在以邓小平为领导核心的中央领导集体的带领下，浙江人民的生态理念也发生了改变，生态保护意识萌发。

改革开放初期，浙江省委和省政府认识到浙江环境问题的严重性，开始把生态环境和自然资源保护利用作为全省的一项重要任务。20 世纪 80 年代初，浙江省开展了“绿化荒山、改造疏林山”的活动；1983—1985 年，浙江省科协组织了对钱塘江河源等水域的科学考察；同一时期加强了对全省大气、酸雨和海洋等监测网络建设，首次建立了全省酸雨数据库。1983 年，浙江省针对特定江湖河水域的生态环境治理，制定了针对性的法律法规及配套行动，人大审议通过了《关于抓紧治理兰江水系污染的决定》；1988 年，省人大常委会审议通过了《浙江省鉴湖水域保护条例》。

为改造沿海自然环境，浙江省建设了系列工程。例如，1988 年京杭大运河与钱塘江沟通工程三堡船闸竣工；1989 年，筹建钱塘江千里标准江堤；筹建浙江沿海千里标准海塘，即著名的“海上长城”。

此外，初步治理污染、形成环保制度和制定环保规划。1988 年，全省果断关停了诸多污染严重的电镀厂、印染厂；1989 年，浙江全面开始推行乡镇企业工业污染治理工作，并开始实行各期政府任期内环境保护目标责任制、城市环境综合整治定量考核制。在多年环境监控、污染治理和规章制度建设等基础上，浙江省委和省政府共同提出了“两年准备，五年消灭荒山，十年绿化浙江”的规划目标。

这一时期的生态环境保护和对自然资源的各种利用举措反映了对生态环境逐步深入认知的过程，充分显示了这一时期的生态保护还处于意识萌发阶段，处在为解决问题而出台相应规章制度和专项行动的阶段。

3. 人与自然的协调——可持续发展理念的勃兴

邓小平南方谈话后，形成了“东方风来满眼春”的改革氛围。浙江省的生态文明建设及其生态理念也从 1992 年开启了新的篇章。

从 1992 年开始到 20 世纪末，生态价值观正式纳入全省社会经济发展的范畴。1992 年，环境保护被纳入“全省国民经济和社会发展计划”；1993 年在浙江第九次党代会上，又提出“增强环保意识，治理环境污染，保护和合理利用自然资源，逐步改善生态环境”的重要战略行动方针。

进入 21 世纪，在生态文明思想、意识、理念逐渐深化过程的基础上，时任浙江省委书记习近平同志引领浙江人民在生态价值观上实现重大提升。为积极响应党的十六大提出的“必须把可持续发展观放在十分突出的地位，坚持计划生育，保护环境和保护资源的基本国策”的方针，2002 年 6 月浙江省第十一次党代会提出建设“绿色浙江”的目标任务。同年 12 月，习近平提出要“积极实施可持续发展战略，以建设‘绿色浙江’为目标，以建设生态省为主要载体，努力保持人口、资源、环境与经济社会的可持续发展”。2002 年年底，浙江省政府向国务院国家环保总局正式申报“国家生态省建设试点省份”，并在 2003 年年初被列为全国第五个“生态省建设”试点省份；同年，浙江省政府编制了《浙江生态省建设规划纲要》，提出大力发展生态经济，培育生态文化。2007 年，浙江省第十二次党代会正式明确了“环境更加优美，生态质量明显改善，人与自然和谐相处，人民群众拥有良好的人居环境”这一生态文明建设目标，将生态文明纳入浙江全面建成小康社会的目标之一。2010 年，浙江省委宣传部常务副部长胡坚在省委十二届七次扩大会议上，专门就生态问题进行讨论和部署，通过了《关于推进生态文明建设的决定》，提出了“富饶秀美，和谐安康”的八字生态浙江内涵，自此浙江以夯实生态文化建设根基为主题，重视把生态文化建设融入现代道德体系。

为扎实推进生态文明建设，2012 年浙江省第十三次党代会提出建设“物质富裕，精神富有”的“两富”浙江的目标，举起了鲜明的“美丽浙江”生态文明建设大旗，在实施“创业富民，创业强省”发展战略过程中，给子孙后代留下天蓝、地绿、水净的美好家园。2012 年 11 月，党的十八大提出了建设“美丽中国”的宏伟蓝图，为更好地贯彻党的十八大精神，12 月浙江省委召开了十三届二中全会，将“坚持生态立省之路、深化生态省建设，加快建设‘美丽浙江’，作为建设物质富裕、精神富有现代化浙江的重要任务，吹响美丽浙江的集结号，肩负起建设美丽中国的义不容辞的责任”[①]。2013 年 1 月，浙江省第十二届人大一次会议提出并落实“全面推进‘美丽浙江’建设”的任务。11 月召开的省委十三届四次全会作出了“五水共治”的重大决策，并研制出了“三步走”时间表。2014 年 5 月，浙江省第十三届委员会第五次全体会议通过了《中共浙江省委关于建设美丽浙江，创造美好生活的决定》，阐明了建设美丽浙江、创造美好生活的重大意义、总体要求、主要目标和重点工作，并对改革举措、主要任务、组织保障做了详细的规划。

（二）当代生态文化理念在实践中的运用

当代浙江的生态文化不仅提出了丰富的生态文化理念，还运用这些理念指导经济建设、社会建设。在运用生态文化理念指导实践的过程中，形成了一系列的生态制度，推动人们践行生态理念，实现人与自然的和谐发展。浙江“在推进绿色浙江建设、生态省建设、生态浙江建设的各个时期均在生态文明制度建设尤其是生态经济制度建设方面作出了积极探索，取得了显著成效，形成了‘浙江样本’”[②]。

1. 生态文明制度的创新实践

在进行生态文明建设的实践中，浙江省特别重视生态制度的建设，通

---

① 叶慧：《春风绿遍江南岸——浙江生态文明建设阔步前行》，2014 年 10 月 23 日，今日浙江（http：//www. zjol. com. cn/）。

② 沈满洪：《生态文明制度建设的“浙江样本”》，《浙江日报》2013 年 7 月 13 日。

过生态制度的创新、引导，推进生态文明建设的有序进行。

（1）水权交易制度。浙江省率先开展区域之间的水权交易。水资源是一种不可替代的战略资源，水权交易制度对于优化水资源配置、提高水资源利用率具有非常重要的意义。2000 年 11 月，浙江发生全国第一个水权转让的实例，水资源短缺的义乌市与水资源丰富的东阳市通过多次商讨，签订了水资源转让协议，义乌一次性出资购买东阳某水库每年 5000 万立方米水的永久使用权。继义乌—东阳实施水权交易开创全国先河之后，“跨地区卖水”在浙江又出现了第二个版本。2002 年，绍兴市汤浦水库有限公司与慈溪市自来水公司正式签订了供水合同。近年来，全国不断涌现水权交易的案例。水权交易的精髓就在于，通过对富水区和穷水区之间的转让交易，实现稀缺水资源的优化配置，提高水资源的利用率。

（2）排放有偿使用制度。浙江排污制度的改革经历了自主探索阶段、深化实践阶段和推广运用阶段。浙江最初在嘉兴市秀洲区内进行区内排污有偿使用和交易试点。2007 年嘉兴市在全国实施了排污权交易制度，实施了排污权从不可交易到可以交易、从无偿使用到有偿使用的转变，其显著成果是使排污权有偿使用和交易制度演化成“招商选资”① 制度，同时还建立了全国首个排污权交易平台——嘉兴市排污权储备交易中心。继嘉兴实践之后，浙江其他城市也陆续开始试点。2009 年 3 月，浙江环保部、财政部批准了《浙江省主要污染物排污权有偿使用和交易试点工作方案》，浙江按照该方案正式启动了全省范围内排污权有偿使用和交易试点工作。2009 年 3 月，浙江省排污中心正式挂牌。随后，省政府出台了《浙江省排污权有偿使用和交易试点工作暂行办法》。这些探索体现了“‘生态环境是稀缺资源，稀缺资源要优化配置’的理念，而当这些理念通过制度建设，深入企业，深入人心、融入生活，生态文明建设才能彰显活力”②。

（3）生态补偿机制。浙江也是率先实施省级生态补偿机制的省份。“生态补偿是以保护和可持续利用生态系统服务为目的，以经济手段为主调节相关者利益关系的制度安排。更详细来说，生态补偿机制是以保护生

① “招商选资”是指在交易过程中注重引进高质量的企业，摒弃高能耗高污染企业。

② 苏小明：《生态文明制度建设的浙江实践与创新》，《观察与思考》2014 年第 4 期，第 58 页。

态环境，促进人与自然和谐发展为目的，根据生态系统服务价值、生态保护成本、发展机会成本，运用政府和市场手段，调节生态保护利益相关者之间利益关系的公共制度。”① 2005 年，杭州市出台《关于建立健全生态补偿机制的若干意见》，在全国首次创造采用政府令的形式具体地规定了生态补偿机制相关内容。2007 年 4 月，省政府办公厅印发《钱塘江源头地区生态环境保护省级财政专项补助暂行办法》，加大对钱塘江源头地区生态环境保护的财政转移支付力度。2008 年，通过对钱塘江源头地区试点工作经验的总结，浙江又对全省八大水系源头地区的 45 个市县实施了生态环保财力转移支付政策，在全国第一个实施了省内全流域生态补偿。同一年，省政府出台《浙江省生态环保财力转移支付试行办法》。2012 年，“按照‘扩面、并轨、完善’的要求，对生态环保财力转移支付的范围、考核奖罚标准、分配因素、权重设置等做了进一步修改完善，将转移支付范围扩大到了全省所有市县”②。

无论是保护水源保护区，还是建设生态公益林，这些举措都体现了“保护生态就是保护生产力”的基本精神，完成了生态保护从无偿到有偿的历史性变革。通过实践经验的累积，浙江省不断深化生态补偿机制：一是将单一的生态补偿机制扩展为生态保护补偿与生态环境损害赔偿相结合的科学制度；二是不断深化和完善从前的生态补偿制度实践。生态补偿机制为区域内的生态环境保护提供了保障，调动了生态保护区内群众保护环境的积极性，使区域内生态、经济、社会实现了全面协调可持续发展。

（4）编制了生态功能区规划。2008 年，浙江省环保局根据省国民经济和社会发展的中长期规划，编制完成了全省生态环境功能区规划，并逐步在相关法律法规中加入规划的相关要求，“明确生态环境功能分区的环境准入政策和污染防治要求，以此作为建设项目环境准入、严格环境监管、落实污染减排的基本依据和重要手段”③。2013 年 8 月，浙江省率先在全国发布《浙江省主体功能区规划》，“将浙江省版图划分为优化开发

---

① 陈锦其：《浙江生态补偿机制的实践、意义和完善策略研究》，《中共杭州市委党校学报》2010 年第 6 期，第 17 页。

② 钱巨炎：《浙江省生态文明建设的财税实践与探索》，《财政研究》2014 年第 3 期，第 57 页。

③ 苏小明：《生态文明制度建设的浙江实践与创新》，《观察与思考》2014 年第 4 期，第 58 页。

区域、重点开发区域、限制开发区域和禁止开发区域，明确生态红线，在空间上管制生态环境，形成硬约束”①。为积极响应和落实生态环境保护的规划和措施，浙江 11 个城市分别在其区域内制定了生态环境功能规划，并且把规划作为落实污染减排、严格环境监管、建设项目环境准入的重要手段和基本依据。杭州、丽水、开化等市县根据本地实际情况划定了不同类型的生态功能区，以此来保护生态环境，实现可持续发展，实现生态环境保护和经济发展双赢，坚定不移地走“绿水青山就是金山银山”的发展之路。

（5）环境准入制度。浙江率先创立了新型的环境准入制度。2008 年浙江省环保厅厅长徐震曾指出，单个项目环境准入制度存在不足，当前的环境制度很少或基本不考虑环境影响的累积性和环境容量，只根据单个项目对环境的影响来判断其是否符合环保要求，这不利于经济和生态的可持续发展。经过几年的探索，浙江率先在全国实现了由过去的单纯的专业机构评价向公众评价、专家评价“两评结合”的环境决策咨询机制转变，由过去单纯的项目环评审批向“项目、总量、空间”三位一体的环境准入制度转变，并把相关内容以政府规章的形式确定下来，写进《浙江省建设项目环境管理办法》。“三位一体”的新型环境准入制度，把总量控制和区域空间管理加入审批机制，建立项目和规划环评联动机制，在有效的管理下进一步推动资源环境承载力与经济协调发展。新型环境准入制度有效发挥了环境保护参与宏观调控的先导功能和倒逼作用，有利于从源头上保护环境和促进经济发展。

2. 生态观念外化

浙江省政府颁布了许多关于保护生态环境和自然资源的政策，并通过法律制度的形式以及其他宣传方式使生态环境保护的思想像春风一样无处不在。这在潜移默化中影响了人们的行为，规范了社会活动。

（1）政府方面。在生态文明制度取得进展的同时，浙江十分注重生态文明建设工作的推进机制。1998 年，浙江省政府决定在浙北的杭嘉湖地区

① 叶慧：《春风绿遍江南岸——浙江生态文明建设阔步前行》，《今日浙江》2014 年第 10 期，第 24 页。

开展水污染防治倒计时的“零点行动”；1999 年，浙江启动了浙江生态公益林建设工程，在全国范围内率先实施了高标准平原绿化工程；1999—2000 年，又重点实施了“一控双达标”的专项工程；20 世纪末，省委十届二次全会提出实施“碧水、蓝天、绿色”工程，重点治理全省的大气污染和水污染。这些生态文明举措表明浙江已经把生态环境的保护作为浙江发展的重要环节，明确了生态文明和 GDP 建设同等重要，把环境保护纳入国民经济和社会发展纲要，碧水蓝天的生态意识已初步形成。

2011 年 4 月印发的《“811”生态文明建设推进行动方案》，明确了生态文明建设的 8 个方面的主要目标、11 项专项行动和保障措施。2012 年 5 月，浙江省生态办制定了“完善的组织协调、指导服务、督办、考核激励、全民参与、宣传教育”六大推进机制。首先，高效的组织协调机制是六大推进机制之首。浙江建立了由省生态办总体协调、11 项专项措施和行动各牵头单位总负责、相关责任单位分工落实的组织体系。其次，六大责任机制健全完善了督办机制。省生态办制定了相关的汇报制度，例如半年汇报一次保障措施的进展，一个季度汇报一次专项行动的进展，相关牵头单位定期向上级管理部门进行汇报等。再次，在考核机制上，根据每个市和成员的单位情况于年初下达目标任务书，既要体现生态文明的一致目标又要体现各区域的特色，年中开展评估，年底组织考核并公布考核结果并加大对优秀单位的奖励力度。最后，在宣传教育机制上，注重品牌活动的建设，深入开展“6·30 浙江生态日”系列活动。六大推进机制健全了全民参与机制，由浙江省生态办每年推出“811”生态文明建设推进行动“年度 11 件实事”，作为标志性工程向全社会公布，接受大众和舆论的监督。六大工作机制的实施，使得浙江生态文明建设和环境保护向更加规范化、制度化和常态化的方向发展。

（2）社会方面。在生态氛围的感染下，越来越多的环保民间组织参与到生态文明的建设当中。浙江省绿色科技文化促进会（简称“绿色浙江”）是浙江省成立最早、规模最大的民间环保组织。“绿色浙江”是地方性、专业性、非营利性法人社会组织，由在浙江从事绿色科技、绿色文化事业的团体以及一切关心和有志于推动浙江省绿色科技、绿色文化事业发展的社会各界人士自愿结成。协会致力于让更多人环保起来，期望人与自然和谐发展。浙江省环保联合会是浙江省首个由官方牵头并进行业务指导的非营利性环保类社会组织，由各界热衷于环保事业人士、企业单位和其他社会组织自愿组成。联合会致力于组织和协调各方面的社会资源，维护公众环境权益，协助和监督政府实现浙江环境保护目标，推动浙江环保事业进步和发展。

环保民间组织是凝聚民间力量促进生态环境改善的重要力量，在推进生态文明建设、建设美丽中国、加强生态文明教育方面发挥着不可替代的作用。作为环境保护领域政府和人民之间的桥梁，环境民间组织通过各种活动组织更多的社会公众参与环境保护事业。他们积极开展多种形式的保护自然生态环境的活动，如生物多样性保护、自然生态的维持和保护、植树绿化、水质净化、大气污染的控制和处理、沙漠化防治、河流上游水土流失问题的治理、社区环境保护、垃圾分类、资源再利用等。这些活动在保护环境方面取得了很好的效果。

（3）公民个人方面。在生态文明建设的氛围下，人们的自然观念、价值观念、伦理观念、消费观念和生产观念都在逐渐发生变化。

传统自然观念是建立在人类社会与自然界对立的基础上的，认为人类社会的发展过程就是不断征服自然的过程，人类的物质生活水平要提高，就得不断向自然界索取。索取的越多，物质财富就越丰富，物质文明程度就越高。这种错误的观念加剧了资源枯竭和生态环境的恶化。随着实践的发展，人民认识到自然资源是十分有限的，对自然资源的利用应当保持理性。环境保护与经济发展不是对立的，对人类与自然关系的认识应当实现由征服式发展观向和谐式发展观转变。在价值观念方面，传统工业社会中消费主义、享乐主义占主导地位。这种价值观把人们精神上的满足完全构筑在物质消费的基础之上。随着对自然环境认识的深化和精神境界的提高，人们逐渐意识到人与自然应该和谐相处，要用人类的理性自觉约束无限扩张的消费欲望，理性消费，改变过去“与天斗、与地斗”、“靠山吃山、倚水吃水”的传统思想。在伦理观念方面，传统伦理观念更多关注的是人与人的关系、个人与社会的关系，其目的在于维护旧的社会秩序。现代伦理观念不但指向人与人的关系、个人与社会的关系，同时将伦理的指向扩大到人与自然的关系，力争实现人与自然界和谐相处。自然观念、价值观念、伦理观念的转变体现到生产观念上则为人们意识到要在尊重自然、保护自然的前提下利用自然，实现自然与社会的和谐统一。

公民自然观念、价值观念、伦理观念的变化体现在公民的日常生活选择中。绿色保护组织成员不断增多，例如“绿色浙江”成立之初只有几名大学生，到2014年发展成为具有200名会员、10万名志愿者的民间环保组织，越来越多的人自愿成为环境监督、自然教育中的一员。绿色饭店规模发展壮大，2000年浙江省选举出第一批绿色饭店共32家，2012年浙江省已评定的“浙江省绿色饭店”和国家级“绿色旅游饭店”共有423家，其中国家金叶级绿色旅游饭店33家，国家银叶级绿色旅游饭店314家，浙江省绿色饭店76家，绿色消费成为越来越多人的选择。“绿色交通”日益受欢迎。截至2016年6月底，杭州主城区5006辆运营车辆中，各类节能与新能源车辆已达到3482辆，占运营车辆总数的69.5%。同时，居民对共享单车的需求量不断提高，2017年11月杭州市共享单车已有44.68万辆。

（三）生态文化在浙江实践的典型——生态文化基地的发展

“生态环境良好、生态意识较强、生态文化繁荣、低碳经济领先、人与自然和谐、示范作用突出”，是浙江省生态文化基地遴选和命名的主要标准。浙江省生态文化基地由各市林业局初评推荐，省生态文化协会组织专家对申报单位进行答辩评审和实地抽查确定。

1. 生态文化基地建设成效

自2011年起，浙江省在全国率先开展生态文化基地遴选活动。2017年，浙江省林业厅和浙江省生态文化协会联合发文，共同命名了余杭区百丈镇半山村等36个生态文化基地，其中行政村21家，林场9家，企业6家。至此，浙江省生态文化基地增至127个。

生态文化基地共分四类。第一类是林场（森林公园）、景区，景观资源丰富，具有独特的观赏游憩价值、历史价值、文化价值和科学价值，并因地制宜开展一些有内容、有特色、有影响、有效果的生态文化宣传、教育活动，对促进周边区域经济社会可持续发展产生了较好的带动作用和示范辐射作用。第二类是行政村，在民居建筑、庭院设施、文物古迹、生态景观、历史典故等方面独具特色，并把民间传统文化与“和谐”现代文化结合起来，使中华优秀传统文化得以传承与发展。第三类是企业，生态产业兴旺，积极发展立体种植、养殖业，发展乡村旅游、观光休闲、花卉苗木等生态产业，并与当地特色乡土文化结合，注重农业文化和民俗文化内涵的挖掘和整理。第四类是学校，不仅营造了优良的自然生态环境，而且在生态文化原理和实践的基础上，注重精神追求、道德水平、人际关系和个性潜能的开发，注重学生身心发展的均衡、协调，注重改善师生的生活方式和生存状态。

生态文化基地在进一步弘扬生态文化，深入挖掘浙江省生态自然资源和生态人文资源，扩大浙江省生态文化创建活动的覆盖面，推进生态文明和“两美”浙江建设中，起到了很好的示范作用。

2. 生态文化基地建设举措

浙江省林业厅和浙江省生态文化基地两个主办单位以“两山论”为指导，牢固树立和贯彻落实五大发展理念，深入挖掘浙江省生态自然资源和生态人文资源，让弘扬生态文化、树立生态意识、增强生态责任的理念渗透到全社会各个领域和行业，使生态文化基地在推进生态文明和“两美”浙江建设中起到更好的示范作用。

针对不同类型的生态文化基地采取不同的建设举措。例如，诸暨市东白湖镇斯宅村，以保护古遗产、传承古文化、延续血脉情为载体，实施斯氏古民居建筑群修缮、省历史文化村落保护利用、笔峰书画院改造等工程，让斯宅成为全市乃至全省古村文化建设的样本；浙江梁希国家森林公园，秉承生态保护和合理利用的规划理念，以保护、恢复和优化自然生态环境为主线，展示梁希先生的生平事迹，反映林业人的精神，传播梁希林业建设思想，弘扬森林文化；慈溪市大山置业有限公司，以原有自然环境为依托，打造千亩杨梅、茶树与竹林套种园，发展生态旅游观光农业园，完善耕地保护制度、水资源管理制度、环境保护制度，健全生态环境保护责任追究制度和环境损害赔偿制度，体现“取之有时、用之有节”的生态价值观；温岭市泽国二中在原有园林景观的基础上投入大量的资金用于校园生态景观和人文景观建设，致力于打造绿色校园、生态校园，并将生态文化融入学校教育。

温岭市泽国二中在校园生态景观建设的同时，十分重视发挥生态文化的教育功能。通过开展丰富多彩的活动来烘托生态环境氛围：设立环保专橱，安装节能装置，设计树立生态小卫士形象牌，独辟蹊径地开设绿色环保阅览室；开展环保知识竞赛、征文比赛、绘画比赛及环保小发明、环保小制作比赛；将生态文化的宣传与食堂、教师、办公室等师生日常出入场所结合起来，进行“生态班级”、“生态办公室”、“生态餐桌”和“生态寝室”的评比；编写《健康生活手册》和《环境教育读本》，积极推行“生态文明教育”校本课程的研究与开发，让生态教育真正融入课堂；成立市环保志愿者协会泽国二中分会，组建绿色环保小分队，开展广泛的环保宣传和社会实践活动。从 2010 年开始，学校还借助每年的“桂花节”开展“生态文明系列活动”。这些活动都极大地提高了学生的生态文明意识，同时有利于学生德育的培育。除此之外，学校还将学生的研究性学习、科技创新活动与生态文明教育充分地结合，让生态教育与健康促进工作相结合，从而让生态文明的意识进一步内化为学生的自觉行动，让“生态二中、人文二中、科技二中”的理念在校园里蔚然成风。除了“独善其身”外，学校还“兼济天下”——将生态文明教育的理念播撒到社区和社会，运用“小手牵大手”的方式影响更多的人和家庭，带着周边的“小社会”步入生态文明的行列。

近十多年来，浙江实现了从“用绿水青山换金山银山”，到“既要金山银山也要绿水青山”，再到“绿水青山本身就是金山银山”的历史性飞跃，对生态文明建设的认识实现了升华，形成了“生态兴则文明兴，生态衰则文明衰”、“破坏生态环境就是破坏生产力，保护生态环境就是保护生产力，改善生态环境就是发展生产力”、“经济增长是政绩，保护环境也是政绩”等一系列先进的科学理念。浙江改革开放以来的发展不仅创造了大量的物质财富，而且形成了宝贵的精神财富；不仅造福于浙江人民，也为我国的经济社会发展提供了有益的借鉴。十九大报告显示，生态经济和生态文化发展的“浙江样本”，已经成为新时期中国特色社会主义建设中经济和生态发展的指导方针，并在未来产生持久而深刻的影响。

第四章　生态环境与生态人居建设

第一节　纲领与战略：建设美丽浙江，创造美好生活

拥有天蓝、水清、山绿、地净的美好家园，是每个中国人的梦想。但随着经济的高速发展，浙江省的生态环境状况面临比较严峻的形势，为了浙江省的可持续发展、人民群众的幸福生活，2014 年 5 月 23 日中国共产党浙江省第十三届委员会第五次全体会议通过《关于建设美丽浙江，创造美好生活的决定》。美丽浙江作为美丽中国的有机组成部分，基础是从工业文明走向生态文明，走人与自然和谐相处的绿色发展之路；实质是追求物质文明与精神文明相统一；既体现为生产集约高效、生活宜居适度、生态山清水秀，也体现为百姓生活富足、人文精神彰显、社会和谐稳定。

一　浙江省生态建设的有利条件

浙江自然风光与人文景观交相辉映，具有建设生态文明的有利自然条件和人文优势。改革开放 40 年来经济的巨大腾飞，生态文明建设指导理念的与时俱进，以及山川秀美的自然生态环境禀赋、天人合一的生态文化智慧传承和“干在实处、走在前列”的精神力量，都是浙江生态文明建设的显著优势，为浙江生态建设提供了有利条件。

（一）山川秀美的自然生态环境禀赋

浙江具有得天独厚的地理位置、气候条件以及丰富的森林和海洋资

源，生物种类繁多，素有“鱼米之乡”、“丝茶之府”、“文物之邦”、“旅游胜地”等美誉。浙江境内有 30 多个容积在 100 万立方米以上的湖泊，自北向南有苕溪、京杭运河（浙江段）、钱塘江等 8 条主要河流。浙江省共有近海与海洋湿地、河流与湖泊湿地和库塘等湿地 80 余万公顷。2013 年，浙江省森林资源年度监测显示：浙江省林地面积 660.31 万公顷，其中森林面积 604.78 万公顷。全省森林覆盖率为 60.89%，位居全国前列。森林生态系统的多样性较丰富，素有“东南植物宝库”之称；毛竹面积和数量名列全国前茅；野生动物种类繁多，已有 123 种动物被列入国家重点保护野生动物名录。浙江也具有十分丰富的海洋资源，海域面积达 26 万平方公里；大于 500 平方米的海岛有 3000 多个，占全国岛屿总数的 40%，是全国岛屿最多的省份；大陆海岸线和海岛岸线长达 6500 公里，占全国海岸线总长的 20% 多，居全国首位。这些优势明显的自然生态环境资源禀赋，为浙江生态建设提供了良好的自然环境基础。

（二）天人合一的生态文化智慧传承

浙江省是中国远古生态文化的发源地之一，早在 50000 年前的旧石器时代，浙江境内的原始人类“建德人”就已经开始谱写人与自然和谐共生的序曲；距今 7000 年的河姆渡文化和距今 6000 年的马家浜文化，则由于较为系统地体现了生态经济的思想，使浙江成为“江南文化之源”；距今 5000 年的良渚文化体现了人类对自然的崇尚，产生了早期的生态工业；最辉煌的是被誉为“中国文明的起点”的桑蚕文化，它是“最具中国特色的生态文化形态”。①

进入文字文明时代以来，浙江历史上丰富的生态文化哲学形成了浙江独特的生态文化传统。较早对生态文化哲学思想进行系统理论表述的是汉代思想家王充的“气”和“气化说”，它解释了万物的生成变化；明代著名思想家王阳明的阳明学对中国、日本甚至整个东亚的生态文化形态都有较大影响；清末弘一法师李叔同关于人与自然关系的思考和感悟，对主客体关系、主观能动性与客观规律性关系的辩证思考，是一种符合且有所超越天人合一思想的生态意识，对浙江乃至整个中国的生态文化历史都有着

① 潘家华：《中国梦与浙江实践：生态卷》，社会科学文献出版社 2015 年版。

重要的影响；经济学家、教育家、人口学家马寅初所著的《新人口论》是生态文化在人口和社会领域的具体体现。所有这些生态文化哲学学说无不体现着“天人合一”的生态文化智慧。在这些生态文化智慧的引领下，浙江的传统产业和现代生产生活方式都与生态文化和谐融合，促进了浙江经济社会健康、快速发展，使浙江成为美丽浙江的率先响应者和实践者，对美丽浙江建设产生了重大影响。

(三)“干在实处、走在前列”的浙江精神

受多种文化因素的熏陶，生活在“山海并利”环境里的浙江人，既有内陆文化中山的韧劲，又有海洋文化中海的胸襟。在全国经济社会发展等方面均取得了“走在前列”的骄人成就，创造了从贫穷落后到富裕和谐的“浙江奇迹”。这也是浙江在没有特殊政策和特殊资源的情况下取得巨大成就的原因。

正是因为浙江的经济发展，尤其是低端制造行业在浙江发展早，环境污染、生态恶化等现象也较早地在浙江出现。跨入21世纪以来，浙江率先从阵痛中觉醒，理性选择发展理念，在短短的十几年内，实现了发展理念的历史性飞跃和对生态文明建设认识上的升华，“在推进绿色浙江、生态浙江建设的各个时期均在生态文明制度建设尤其是生态经济制度建设方面作出了积极探索，取得了显著成效，形成了‘浙江样本’”①。在生态文明建设方面，浙江继续走在全国前列。

二　浙江省生态领域存在的突出问题

在分析浙江生态建设的优势的同时，也应当清醒地认识到浙江在生态文明建设上仍面临着破解诸多深层次矛盾与问题的压力和挑战，浙江省的生态环境质量不容乐观，环保形势依然严峻。人民群众在拥有摩天大厦、机动车和各类高档电器的同时，也面临着诸如大气污染、水污染、噪声污染、土壤贫瘠化、水资源短缺、能源枯竭、生物多样性减少以及人口膨胀、交通拥挤、土地供应紧张等一系列生态环境问题。

---

① 沈满洪：《生态文明制度建设的“浙江样本”》，《浙江日报》2013年7月19日。

（一）自然资源短缺问题严峻

浙江除了海洋和旅游资源丰富外，其他主要资源如土地、水、森林、矿产等则相对短缺。浙江人均资源拥有量综合指数位居全国倒数第三，属典型的资源小省。例如，虽然浙江区域内河流众多，湖泊遍布，是典型的江南水乡，但浙江省人均水资源却低于全国平均水平。又如，浙江除了非金属矿产如石煤、明矾石、叶蜡石、萤石等外，金属矿产资源和能源都相当紧缺，人均占有金、银矿产资源储量分别为全国平均水平的 1/7 和 3/4，石油储量微乎其微，人均煤矿资源基础储量仅是全国人均水平的 1/259。[①] 如此严峻的自然资源短缺形势，如果不能有效应对，对于浙江经济社会的进一步发展，对于生态环境保护工作和人民幸福生活的有效保障，都将产生严重的影响。

（二）资源利用效率不高

改革开放 40 年来，浙江经济社会的发展长期遵循传统工业化模式，经济增长以量的扩张为主，由此导致经济快速增长与资源保障、生态环境保护之间的矛盾长期存在，特别是在经济增长方式上还存在着“高投入、高消耗、高排放、难循环、低效率”的问题。同时，浙江经济社会的发展依赖众多乡镇企业，而很多乡镇企业技术创新能力不足，多年来主要采用高投入、高消耗、高排放和低成本、低技术、低价格的增长方式。这种粗放型的增长方式造成了极大的资源浪费和生态环境损害。以能源消耗为例，与世界水平比较，浙江创造 GDP 过程中的能源消费代价很大。2000 年，浙江每亿美元 GDP 的能源消费量为 7. 70 万吨标准煤当量，而世界平均水平为 4. 48 万吨标准煤当量，高收入国家只有 2. 90 万吨标准煤当量。

（三）环境污染问题严峻

随着经济社会的不断发展，污染物产生总量在持续增加，主要污染物排放过量、污染加重的趋势还没有得到根本扭转。一些长期积累的环境污染问题尚未从根本上肃清，各类新污染问题又接踵而至、层出不穷，并且涉及面很广，新老污染、点源面源污染呈现交织、叠加的复杂态势。从水污染情况来看，平原河网污染和农业面源污染比较严重，全省流域性水环

① 《浙江蓝皮书》（1996—2007）和《浙江省环境状况公报》（1997—2007）。

境问题仍然突出，小流域和星罗棋布的河、沟、池、塘的河网治理还没有真正顾及；近岸海域和部分港湾海水污染加大，有些海域已成为赤潮多发区。不仅如此，区域性复合大气污染、土壤等污染情况也比较突出，城市空气可吸入颗粒物浓度较高，二次污染明显，光化学烟雾、灰霾天气频发；土壤也存在一定程度的污染，部分城市区域环境噪声污染和道路交通噪声问题突出，噪声投诉居高不下。酸雨污染频率和强度未有大的消减。根据 2014 年浙江省环境状况公报显示，全省酸雨污染仍较严重，降水 pH 年均值为4.74，比2013 年上升了0.08。全省69 个县级以上城市中被酸雨覆盖的有66 个之多，其中属于中酸雨区以上的城市有53 个。[①]

（四）农村环境整治难度大

从生态环境整治的延伸来看，农村环境仍然是薄弱环节。2014 年，浙江全省仍有7 个设区市和41 个县（市、区）城乡居民集中式供水水质卫生合格率不达标，比值得分为负增长，主要原因是城镇水质合格率上升的同时，许多农村地区的末梢水水质合格率出现下降情况。部分地区建制镇污水集中处理率、地表水和饮用水源水质达标率也出现了一定程度的下降，还有部分城镇地区的噪声声级有所反弹。农村环境污染问题依然严峻。农业农村面源污染仍较严重，不仅有生活污水、生活垃圾等的污染，化肥农药污染和种养业等方面的污染负荷也在不断上升。农村水环境质量不容乐观，一些农村河网水质污染较为严重，农村人口饮用水安全问题尚无法得到有效保障。农村环境脏、乱、差等问题尚未得到有效治理。由于落后的经济状况和传统生活方式的长期影响，部分农民受教育程度不高，生态环保意识相对薄弱。生活垃圾、污水随意倒排的情况仍较突出，很容易造成河道淤积和地下水源污染等次生环境问题。土壤重金属污染和有机污染问题也日益暴露，农产品安全问题突出，严重影响着人民群众的身体健康。

为了解决以上问题，2014 年5 月23 日中国共产党浙江省第十三届委员会第五次全体会议通过了《关于建设美丽浙江，创造美好生活的决定》。

---

① 浙江省环境保护厅：《2014 年浙江省环境状况公报》，http：//www. zjepb. gov. cn/root14/xxgk/hjzl/hjzkgb/201506/t20150603_ 3411 24. html#。

三　浙江省生态建设的意义

面对资源总量锐减、环境污染严重、生态系统退化等生态环境问题，加强浙江省生态文明建设对促进经济社会的可持续发展，增加人民福祉，实现中华民族永续发展有重大意义。

首先，生态建设利于经济发展。正确处理好生态环境保护和发展的关系，是实现可持续发展的内在要求，也是推进现代化建设的重大原则。人与自然的关系是人类社会最基本的关系，自然界是人类社会产生、存在与发展的基础和前提。为了保护生态环境，我们必须秉持“既要金山银山，又要绿水青山”的发展理念，坚决不能走“先污染，后治理”的老路，不能凌驾于自然之上。正如习近平总书记强调的“绿水青山就是金山银山”，“保护生态环境就是保护生产力，改善生态环境就是发展生产力”。绿水青山既是自然财富，又是社会财富、经济财富。对于国家来说，要建设现代化国家，就要走出一条经济发展和生态文明相辅相成、相得益彰的新发展道路。超过资源环境承载能力的盲目开发、过度开发、无序开发，会使能源资源难以支撑、生态环境不堪重负，最后必然对经济可持续发展带来严重影响。对于地方来说，拥有优越的自然环境，能吸引大量的投资者、旅客和人才来此发展、工作、生活，从而带动当地的经济发展，使当地经济永葆活力。

其次，生态建设关乎科技发展。马克思主义认为，科学技术是第一生产力，而科学的发展离不开优秀人才的努力。浙江省向来重视科技的发展，一直坚持贯彻落实国家的科技兴国、人才强国战略，始终把人才摆到发展的核心地位。人才的健康发展离不开健康的环境，离不开健康的体魄。“鱼逐水草而居，鸟择良木而栖。”良好的生态环境是吸引世界各地人才的一个重要元素。同时，科技发展也有助于生态环境建设。科技创新在促进经济发展方式转变，发展循环经济、绿色经济、低碳经济，以及提高管理水平中发挥了关键支撑作用，是推进生态环境建设的重要动力。所以，生态环境不仅关系到人民的身体健康、生存环境、生活质量，更关系到中华民族的根本利益和长远发展，甚至关系到人类的繁荣昌盛。

最后，生态建设惠及民生。生态是民生的重要保障，也是民生的重要内容。正如习近平总书记强调的，“环境就是民生，青山就是美丽，蓝天也是幸福”，要“像保护眼睛一样保护生态环境，像对待生命一样对待生态环境”。[①] 没有良好生态的民生是不健全的民生，没有生态安全，人类自身就会陷入生存危机。

环境问题是当今中国人民追求美好生活的重要障碍之一，习近平总书记曾在多次谈话中讲到生态问题危及民生的严重性和紧迫性。“改革开放以来，我国经济发展取得历史性成就，这是值得我们自豪和骄傲的，也是世界上很多国家羡慕我们的地方。同时必须看到，我们也积累了大量生态环境问题，成为明显的短板，成为人民群众反映强烈的突出问题。比如，各类环境污染呈高发态势，成为民生之患、民心之痛。”[②] “老百姓过去‘盼温饱’，现在‘盼环保’；过去‘求生存’，现在‘求生态’。”[③] 央视财经频道发布的《2006—2016 中国经济生活大调查》显示，民众所希望的“山青水绿的生态环境” （50. 56%）超过“衣食无忧的富裕生活”（47. 20%），在“全面小康社会最期待的图景”中位居第二位。[④] 显然，生态环境已成为当前民众最关心的问题，是我们赖以生存和发展的家园，健康舒适的人生建立在良好的生态环境的基础之上。

良好的生态环境为人的健康提供保障。科学研究发现，各种生命现象、心理健康现象无不受自然环境的影响。季节气候、天气变化、日照光线、地形地貌、国土疆域等气象变化和地理条件以及色彩、声音、空气、景观等都会对人的心理产生影响。例如，新鲜干净的空气，给人一种清爽舒适、沁润心肺之感，可以调节神经过程的适度兴奋和抑制，增强心血管及呼吸器官功能，加速血液循环和新陈代谢，吸进更多的氧气，呼出较多的二氧化碳，促进胃肠道消化和吸收，有利于身心健康。空气中的污臭、怪味会使人们心理上产生厌恶感，如果长期处在污浊空气中，则会出现恶

---

① 习近平：《在省部级主要领导干部学习贯彻党的十八届五中全会精神专题研讨班上的讲话》，《人民日报》2016 年 5 月 10 日。

② 同上。

③ 中共中央宣传部编写：《习近平总书记系列重要讲话读本（2016 年版）》，学习出版社、人民出版社 2016 年版，第 233 页。

④ 《2016 年，国事、家事、心事老百姓最关心啥？——央视财经频道独家发布八十项国民数据大发现》，http：/ /news. Xinhuanet. com/finance/2016—03/07/c_ 128779946. htm。

心、头晕、疲劳、食欲缺乏等症状，久而久之会使人急躁、易怒或抑郁不欢，甚至危及人的心理健康、生理健康。

总之，建设美丽浙江，创造美好生活，是建设物质富裕精神富有现代化浙江的升华，顺应了人民对美好生活的新期待，体现了中国梦和美丽中国在浙江的生动实践，是我们坚持不懈为之奋斗的远大目标。

第二节　思路与历程：改善生态环境，建设生态人居

浙江省自古被誉为丝绸之府、鱼米之乡、文化之邦、旅游胜地，描绘浙江省绮丽风光的诗词歌赋不胜枚举，如“上有天堂，下有苏杭”，“且醉舞松月，重听浙江潮”，“欲把西湖比西子，淡妆浓抹总相宜”等。优越的自然环境不仅能惠及当代人，也有益于子孙后代的生存和发展；不仅关系到人民的身体健康、生存环境、生活质量，更关系到中华民族的根本利益和长远发展，甚至关系到人类的繁荣昌盛。

一　以治水为核心的生态环境建设：从“811”行动到“五水共治”战略

浙江因水而名，因水而兴，因水而美，水资源对于浙江省来说，具有独特又重要的地位。水是生产之基，什么样的生产方式和产业结构，决定了什么样的水体水质；水是生态之要，气净、土净，必然融入于水净；水是生命之源，百姓每天洗脸时要用、口渴时要喝、灌溉时要浇，因此治水就是抓转型、抓生态，就是抓民生。

（一）浙江的水情

根据2013年浙江省水利普查公报，浙江省人均水资源量只有1760立方米，已经逼近了世界公认1700立方米的警戒线。虽然浙江单位面积水资源量可以排到中国第四，但由于水资源80%分布于山区，所以人口集中、经济发达的浙东是重点缺水地区。而且，浙江水资源还存在降雨时空分布不均、人均水资源量少、有效利用率低、污染严重等情况。

1. 降雨时空分布不均

浙江降雨总的分布趋势是自西向东、自南向北递减，山区大于平原，沿海山地大于内陆盆地。降雨量年内最大月份是最小月份的近6倍。因此，水旱灾害多发，梅雨洪水范围广、历时长，总降雨量大，常造成大范围洪涝灾害。台风洪水强度大，时间短，新中国成立以来，对浙江造成较大损失的台风多达上百个。旱灾以伏旱为主，主要原因是当年的梅雨期短，降雨量不足导致伏旱接秋旱，甚至出现秋旱连冬旱、冬旱连春旱和连续干旱年的情况。

2. 人均水资源量少

浙江水资源丰富，单位面积水资源量居全国第四位，但水资源、水环境现状也面临诸多挑战。人多水少，水资源时空分布不均，区域性水资源短缺等问题比较严峻。杭嘉湖平原地区受水污染影响，可用资源量少，存在水质性缺水现象；舟山海岛与滨江平原受地理条件影响，水资源贫乏，存在资源型缺水现象；而在部分山区，因水资源调储较小，存在工程型缺水现象。总体上看，作为“鱼米之乡”的浙江省已出现“水乡喊渴”的现象。

3. 水污染严重

浙江省江河干流和平原河网都呈现不同程度的水质污染，部分支流和局部河道水质污染严重。截至2015年，全省221个地表水省控断面和145个跨行政区域交接断面中，水质在劣Ⅴ类的一共还有22个。[①] 这离浙江省“十三五”规划建议要求的“消除劣Ⅴ类水质”的治水目标底线还有较大的差距，水污染治理的任务还很艰巨。2014年浙江省环境状况公报显示，“部分支流和流经城镇的局部河段仍存在不同程度的污染。鳌江、京杭运河和平原河网污染仍然严重；部分湖泊存在一定程度富营养化现象”。部分城市的饮用水水源水质尚不达标，近岸海域和部分港湾污染日益凸显。受无机氮、活性磷酸盐超标影响，近岸海域水质呈重富营养化状态，水质状况级别为极差。全省实施监测的57469平方公里近岸海域中，Ⅰ类和Ⅱ类海水仅占21%，Ⅲ类、Ⅳ类、劣Ⅳ类海水占了79%。相比2013年，

---

① 《解读：浙江十三五规划建议》，中国金华政府门户网站（http：//www. jinhua. gov. cn/art/2015/12/7/art_ 9637_ 657723. html）。

Ⅰ、Ⅱ类海水的比例下降了11.2个百分点，Ⅲ类海水的比例上升了3.8个百分点，Ⅳ类和劣Ⅳ类海水比例则上升了7.4个百分点。水体富营养化状态等级由中度上升为重度，主要超标指标无机氮均值含量上升20.8%，超标率上升8.7个百分点。嘉兴、舟山、宁波、台州和温州这五个沿海城市近岸海域的水质状况均较差，Ⅳ类和劣Ⅳ类海水比例都较高，水体都存在不同程度的富营养化状态。其中，嘉兴市的近岸海域水质最差，全部为劣Ⅳ类海水，水体处于严重富营养化状态。杭州湾、象山港、乐清湾和三门湾这四个重要海湾的海水也全部为劣Ⅳ类水质，其中杭州湾水体还处于严重富营养化状态，其他三个海湾也都处于重度富营养化状态。由此也导致了全省近岸海域底栖生物生存环境质量较差，底栖生物多样性种类较为单一，指数仅为1.50。

为了构建山河秀美的水乡浙江，浙江省坚持铁腕整治环境污染，采取了一系列诸如“一控双达标”[①]、“关停十五小”[②]、重污染高能耗行业整治提升、农村环境连片整治等大规模的环境污染专项整治行动，在很大程度上缓解了生态环境恶化的趋势，有力地促进了生态环境与经济社会的协调发展。为进一步推动环境保护和生态文明建设的跨越式发展，从2004年开始，浙江省先后开展了四轮“811行动”，并于2013年浙江省委十三届四次全会作出治污水、防洪水、排涝水、保供水、抓节水的“五水共治”重大决策。以下将着重介绍“811行动”和“五水共治”工程。

（二）四轮“811行动”

2004年10月，一场席卷全省的环境污染整治大会战——“811”环境污染整治行动在浙江打响。“8”指的是浙江省八大水系；“11”既指全省11个设区市，也指当年浙江省政府划定的区域性、结构性污染特别突出的11个省级环保重点监管区。浙江省政府当时提出，通过3年的努力，基本

① “一控双达标”的目标是：全国主要污染物排放总量控制在规定的排放总量指标内；所有工业污染源排放污染物要达到国家或地方规定的标准；重点城市的环境空气、地表水环境质量，按功能分区分别达到国家规定的标准。

② “十五小”是国务院1996年颁布的《国务院关于加强环境保护若干问题的决定》中明令取缔关停的15种重污染小企业，包括小造纸、小制革、小染料、土炼焦、土炼硫、土炼砷、土炼汞、土炼铅锌、土炼油、土选金、小农药、小电镀、土法生产石棉制品、土法生产放射性制品、小漂染企业等。

实现“两个基本、两个率先”的总体目标，即全省环境污染和生态破坏趋势基本得到控制，突出的环境污染问题基本得到解决，在全国率先全面建成县级以上城市污水、生活垃圾集中处理设施，率先建成环境质量和重点污染源自动监控网络。

首轮“811”环境污染整治三年行动，有效遏制了全省环境污染和生态破坏趋势。2007 年年底，首轮“811 行动”全面完成，八大水系水环境质量取得了转折性改善，全省 11 个省级环保重点监管区和 5 个准重点监管区全部实现达标“摘帽”。浙江省县级以上城市污水处理厂日处理能力达 592 万吨，污水处理率达 59%，在全国率先实现了县以上城市都有污水处理厂。全省各级财政投入 3.4 亿元，建成 65 个行政交接断面地表水水质自动监测站和 99 个空气质量自动监测站并投入运行；1452 家重点排污企业安装了在线监控装置；省、市、县三级环保部门实现联网，环境质量和重点污染源在线监测监控系统基本形成。

2008 年，“811”环境保护第二轮三年行动启动。此时的“8”已演化成环保工作 8 个方面的目标和 8 个方面的主要任务；“11”则既指当年提出的 11 个方面的政策措施，也指省政府确定的 11 个重点环境问题。浙江省将重点防治工业污染向全面防治工业、农业、生活污染转变，进一步提出“一个确保、一个基本、两个领先”的目标，即确保完成“十一五”环保规划确定的各项目标任务，基本解决各地突出存在的环境污染问题，继续保持环境保护能力全国领先、生态环境质量全国领先。

随着 6 年两轮“811 行动”的实施，浙江省生态环境保护进入投入最多、力度最大、成效最明显的时期。2010 年 6 月，浙江省委作出《关于推进生态文明建设的决定》，决定再度开展“811”生态文明建设推进行动（2011—2015），计划用 5 年时间，基本实现经济社会发展与资源环境承载力相适应，环境质量与民生改善相适应，生态省建设继续保持全国领先，生态文明建设走在全国前列。

2016 年，浙江省开启了第四轮新“811”专项行动，成为近年“美丽浙江”建设行动的指南。新“811”里面的 8，指的是 8 个方面的目标和 8 个方面的任务。工作目标包括污染减排、工业污染防治、城乡污水、垃圾及其他固体废弃物处置、农业面源和土壤污染防治、环境监管能力建设、生态保护和修复、环境质量和生态环境质量综合指数等 8 个方面。8 个方面的任务包括污染物减排任务、水污染防治、工业污染防治、城镇环境综合整治、农业农村环境污染防治、近岸海域污染防治、生态修复保护、生态创建等。新“811”中的“11”，一方面是指强化环境法治、完善环保基础设施、发展环保产业等 11 项政策保障措施，另一方面也是指省级督办的 11 个重点环境问题。

经过多年的努力，“811”环境污染整治行动成效明显，浙江的生态环境支撑能力继续处于全国前列。

（三）“五水共治”战略

党中央、国务院以及历届浙江省委、省政府都高度重视浙江的治水工作。习近平同志在浙江工作期间，多次对治水工作作出重要指示和部署，一再强调要用科学发展的理念和方法来研究用水治水节水工作。现今浙江的水资源依旧面临着降雨时空分布不均、人均水资源短缺、水污染严重等问题。随着经济社会的快速发展，广大居民对治水的期望值日益上升，亟须更加系统地加强治水工作。在此背景下，浙江省委、省政府提出并实施了“五水共治”方略。

“五水共治”指治污水、防洪水、排涝水、保供水、抓节水。这五项好比五个手指，治污水是大拇指，防洪水、排涝水、保供水、抓节水是其他四指，分工有别。“五水共治”将分三年、五年、七年三步实施。其中，2014—2016 年要解决突出问题，明显见效；2014—2018 年要基本解决问题，全面改观；2014—2020 年要基本不出问题，实现质变。①

1. “五水共治”战略的举措

“五水共治”战略实施三年多，取得了重大的阶段性胜利，得到中央充分肯定和群众交口称赞。这得益于治水过程中的正确举措。

（1）治污水。治理污水的重中之重是抓好“清三河”、“两覆盖”和“两转型”。“清三河”就是治理黑河、臭河、垃圾河。大江大河的污水大多来自小河小溪，治大江大河之污必从小河小溪之污抓起。黑河、臭河、垃圾河是工业污染、农业污染、生活污染的集中体现。为达到水体不黑不

---

① 《浙江吹响五水共治集结号》，浙江新闻网（http://www.jhnews.com.cn/zt/node_18921.htm）。

臭、水面不油不污、水质无毒无害、水中能够游泳的目标，浙江省大力推进城乡污水治理，全面推进工业污水和城镇生活用水的截污纳管和达标排放，全面推进农村污水治理和重点流域和近海治理。经过几年努力，浙江省在治理污水方面已取得了重大进展。

2017 年立春时节，浙江再次部署“五水共治”新目标：至 2017 年年底，全面剿灭劣Ⅴ类水，比国家“水十条”提前 3 年，更高水平地实现水环境改善目标。整个剿劣战主要分为四个阶段。4 月初在督导员全面参与下，对劣Ⅴ类水再摸排；4—6 月对县级以上交接断面和小微水体集中治理；7—10 月根据工作进展情况报结；10—12 月对未完成或未通过验收的剿劣任务进行再攻坚、再报结。按照劣Ⅴ类水剿灭行动方案要求，各地优先安排消除劣Ⅴ类水质断面所在区域清淤工程，劣Ⅴ类水质断面所在主干河道要全线清，影响断面水质水系、河网范围内县级及以上河道要全面清；协同各级环保部门加强淤泥检测工作，遵循“安全、经济、环保、循环利用”的原则，合理、妥善处置淤泥，切实提高淤泥无害化、减量化、资源化处理水平。

（2）防洪水、排涝水。防洪排涝工程是人民群众生命财产的保障线，必须万无一失。浙江省现有水库 4334 座，总库容 445 亿立方米；其中，大中型水库 191 座，控制流域面积 3.2 万平方公里，防洪库容 44.6 亿立方米，现有海塘 2723 公里、江河堤防 1.47 万公里。初步建成“上蓄、中防、下排”的流域防洪工程体系，保护全省 70% 的人口和耕地。防洪工程在防御洪涝台风灾害中发挥了巨大作用，但依然存在着有待强化的部分。当前，浙江省防洪工程体系中的“短板”表现在：主要平原排洪能力不足；部分河段保护标准偏低，干支流堤防建设不配套；城市防洪排涝工程亟待扩展、完善；病险水库和海塘仍动态发生。为此，浙江省将继续深入实施省委省政府“五水共治”重大战略决策，以问题为导向，重点抓好“三大工程”[①]，完善“两个体系”[②]。排涝方面，重点实施强库堤，即加强

---

① “三大工程”：一是强库工程，二是固堤工程，三是扩排工程。

② “两个体系”：一是完善基层防汛防台体系，二是完善基层水利服务体系，着力提高抢险救援和便民服务能力。

防洪控制性水库的前期和建设工作，增强流域“上蓄”能力；疏通道，即进一步完善流域区域防洪封闭，提升干支流和沿海防洪御潮能力；攻强排，即全面推进杭嘉湖、宁波、萧绍、温黄和温瑞五大平原扩排工程前期建设三大工程。按照“三步走”的要求，分阶段、分步骤提高全省流域、区域的整体防洪能力。奋战三年（2014—2016年），重点解决严重影响人民群众生命财产安全的防洪突出矛盾，杭嘉湖、温黄北部等区域和甬江、鳌江、浦阳江、兰江等流域的防洪薄弱环节基本得到治理。到2018年，钱塘江、瓯江等全省主要江河及沿海主要平原防洪排涝能力全面提升。到2020年，江河干流和主要平原防洪排涝达到规划标准，保护特别重要城市和重要城市的江河干流和海塘基本达到百年一遇及以上标准，保护中等城市的江河干流和海塘达到50至100年一遇防洪标准，保护一般城镇的江河干流和海塘达到25至50年一遇防洪标准，沿海平原达到20年一遇防洪标准。

围绕防洪水建设目标，到2020年安排强库工程总投资189亿元，固堤工程总投资711亿元，扩排工程总投资1148亿元。其中，强库工程目标建设南岸、钱江源等防洪水库11座，总库容8.21亿立方米，防洪库容2.61亿立方米，提高钱塘江上游、好溪、楠溪江等干流的防洪能力。确保完成病险水库除险加固600座，将水库年病险发生率控制在3%以内。固堤工程目标新建加固海塘河堤3500公里，其中海塘200公里、干堤1000公里、中小河流堤防2300公里，整治圩区280万亩，高标准海塘配套完善，七大流域干流及中小河流重要河段基本达到规划标准。扩排工程目标新增扩大外排口门30个，口门宽度增加20%，拓浚排洪河道2000公里；新增外排泵站33座，增加向外海及河口的强排能力2000立方米/秒。沿海滨湖主要平原排洪能力进一步增强。

（3）抓节水、保供水。为了建立健全节约用水体制机构，浙江省主要采取了以下措施。一是加快研究制定和实施水权制度。根据各流域生态环境承载力和沿流域地区生产生活需要，合理确定各流域的取水总量及各地区的取水量，探索建立水权交易市场，促进各地、各单位节约用水，并用法律的形式固定下来。二是加快推进阶梯式水价制度。研究制定企业节水标准，逐步实施企业超标用水累进加价制度。全面实行城乡居民用水“一户一表”，合理上调水价，逐步推行城乡居民用水阶梯式水价制度。三是大力推广节水制度。研究开发一批工业节水技术，支持有条件的企业开展废水回收利用，全面推进工业节水。大力推进大中型灌区节水配套改造和百万亩喷微灌工程，有效推进农业节水。加强节水器具和城市供水管网的改造，促进中水回用和雨水利用，积极推进生活节水。为切实保障城乡居民饮水安全，推进“开源”、“引调”、“提升”三类保供水工程建设，进一步提高城乡供水安全和农业灌溉保障水平，同时积极推进上游源头的清洁水源涵养和生态水量调控工作。例如千万农民饮水工程，该工程是浙江省“五大百亿”工程之一，从 2003 年起实施，计划总投资约 85 亿元，用 10 年时间改善 1000 多万农村人口的饮用水条件，解决 100 多万农村人口饮用水困难。现已完成既定目标。

（4）实行河长制。浙江省“五水共治”能取得丰硕成果，也得益于“河长制”这套高效管用的长效机制和责任体系。河长由省、市、县、乡、村各级各部门领导分流域或分段担任，浙江省目前有 4 万多名各级领导担任河长。为了使河长制更好地发挥作用，浙江在省一级设立了“河长制”领导小组，其办公室设在省环保厅，由省环保厅长担任办公室主任。各市、县也相应设立了“河长制”领导小组及其办公室。各级河长分流域分河段包干负责河道水环境的综合治理，协调分工，排查问题。

2. “五水共治”战略的意义

“五水共治”是一举多得的工程，既扩投资又促转型，既优环境更惠民生。实施“五水共治”工程，对浙江省乃至全国都有重大的意义。

（1）经济意义。“五水共治”通过对河道的疏浚、植被的改善及基础设施的建设，能够抵挡、减轻甚至一定程度上阻止洪水以及涝水的发生，可以挽回许多因洪涝造成的经济损失，促进浙江省的经济发展。“五水共治”有助于提高浙江省自来水的水质，确保市民能够用上水，用上放心水，以此来促进经济建设。“五水共治”对污水问题高度关注，污水在许多地方阻碍了经济的发展，治理污水有助于地方经济建设。

（2）政治意义。从党的十七大第一次提出“社会主义生态文明”的要求以来，国家相关部门就推行了“社会主义生态文明建设”的相关举措。而浙江省委省政府所推行的“五水共治”发展战略正是切合了这一要求。从这一角度来看，“五水共治”深化了环境改革的力度以及规模，使得浙江省的环境趋于理想。同时，在人们对于生态环境等相关概念的认识不断提高的现代社会，实行“五水共治”更加能够集聚人心，使得整个社会在这一政策的影响下拧成一股绳，对浙江省具有重要的政治意义。

（3）文化意义。“五水共治”对于社会主义文化建设也有一定的促进作用。在省委省政府的高度重视以及相关部门的指导下，浙江省大范围地掀起了与治水相关的主题活动，各学校有主题班会与各类型的比赛，各单位有“五水共治”主题的才艺演讲，社会上各商家往往利用“五水共治”的概念来促进销售。正是这样渗入生活的宣传，加深了人们对水资源和浙江省水情的认识，从而珍惜、节约、热爱水。

（4）生态意义。“五水共治”是为了促进生态发展而提出的战略，因此其具有高度的生态意义。好的生态环境不仅有利于人民的身心健康，也能促进地方经济发展。为了使“五水共治”的生态意义得到充分发挥，不少居民自发组成“环保武工队”。例如，浙江安吉县梅溪镇的西苕溪巡查队从2012年6月成立至今，该队成员每天风雨无阻，骑着自行车在西苕溪畔巡查，寻找偷排企业，上门劝导制止，报告执法部门，联系媒体曝光……在他们的不懈努力和各有关部门的积极作为之下，原本浑浊不堪的苕溪水恢复了清澈。

如今，“五水共治”已然走出国门。2016年在泰国曼谷举行的泛亚和太平洋地区农村供水可持续发展研讨会上，世界银行特邀浙江省专题介绍农村治水经验。浙江农村生活污水处理系统及饮水工程，不仅成为农村治水的全国典范，也成为全球破解农村治水难题的项目样板。

二 创造绿色家园：美丽乡村建设

习近平总书记曾在中央农村工作会议上指出：“中国要强，农业必须强；中国要美，农村必须美；中国要富，农民必须富。”① 可见农村工作的重要性和农村建设的紧迫性。自党的十八大提出建设“美丽中国”以来，

① 《中央农村工作会议在北京举行 习近平、李克强做重要讲话》，《人民日报》2013年12月25日。

建设“美丽乡村”的理念也应运而生。“美丽乡村”注重人与自然的和谐，倡导生态环境质量的改善，实施农业产业规模化，目的在于提升农村居民的生产生活质量，推动地域经济与环境协调发展，是新农村的升级。

（一）“美丽乡村”建设的提出

在20世纪90年代，浙江就明确提出了城乡协调发展的目标和要求。作为全国“美丽乡村”建设的“先行区”，早在2003年，浙江就作出了统筹城乡发展的农村环境综合整治的决策部署。经过多年的丰富、充实和完善，浙江省逐步走出了一条具有时代特征和浙江特色的“美丽乡村”建设道路。

继习近平同志提出要全面推进村镇环境整治和生态建设，按照党的十六大提出的统筹城乡发展的要求，顺应农民群众的新期盼，浙江从农民反映最强烈的问题出发，开展以“垃圾清理、污水治理、卫生改厕、村道硬化、村庄绿化”为重点的农村环境综合整治，全面推开了声势浩大的“千村示范、万村整治”工程。随后，又部署实施了以整治畜禽粪便、生活污水、垃圾固废、化肥农药、河沟池塘等污染和提高农村绿化水平为主要内容的“农村环境五整治一提高工程”。农村环境面貌得到很大的改善，促进了村容整洁、乡风文明。

自2008年起，按照城乡基本公共服务均等化的要求，浙江进一步把农村环境综合整治的内容拓展到了面源污染整治和农房改造建设等方面，极大地改善了农村人居条件和生态环境。自安吉“美丽乡村”概念正式成型以后，2010年，浙江又进一步作出推进“美丽乡村”建设的决策，在全省全面展开了“美丽乡村”建设。

2011年以来，按照建设生态文明和全面建成小康社会的要求，浙江明确了“宜居、宜业、宜游”的“美丽乡村”建设的内涵，加快村庄整治以点为基，联动推进经济、文化、生态人居等的一体化建设，注重串点成线、连线成片，全面开展城镇周边和整乡整镇的环境治理，使一个个“盆景”连成一道道“风景”，形成一片片“风光”。[①] 农村面貌逐步发生“质”的变化，城乡关系、人与自然关系不断改善。2012年，浙江又全面

---

① 夏宝龙：《美丽乡村建设的浙江实践》，《今日浙江》2014年第5期。

推进了“美丽乡村”建设[①]，深化了“美丽中国”在浙江的实践。浙江从协调城乡关系起步，逐步拓展到协调人与自然的关系，逐步走出了一条从点到面、由浅及深、先局部后整体的整治路子，使社会主义新农村建设与生态文明建设有机融合在一起。

（二）“美丽乡村”的建设举措

2010 年 12 月，浙江省委省政府制定实施了《浙江省美丽乡村建设行动计划（2011—2015 年）》，标志着浙江省美丽乡村建设全面启动。据此，浙江着力建设宜居、宜业、宜游的“三宜”美丽乡村。

1. 宜居

所谓“宜居”，就是通过村庄整治、中心村建设和生态环境建设，把旧村庄建设成为宜于人民群众居住、人民群众喜爱居住、公共服务配套完善的农村新社区，真正成为能让农民享受现代文明生活的美好家园。宜居强调的是村庄、社区整体环境舒适。美丽乡村建设以深化“千村示范万村整治”工程、农村住房改造和农村生态环境整治为战略重点，按照因地制宜、分类建设的思路，对城中村、镇中村、城郊村结合城镇化的推进，有序地改建为城镇社区；按照“下得来、稳得住、富得起”的要求，大力推进高山远山区域下山搬迁、地质灾害区域避让搬迁、重点库区出库搬迁和海岛县区小岛搬迁。“十一五”期间，欠发达地区累计下山搬迁 10. 78 万户、37. 2 万人。对地处平原和丘陵盆地的农村，加强中心村为重点的农村新社区建设，合理推动自然村的迁并，引导农民建房和居住向中心村集中，把中心村建设成为农村基层公共服务的中心。在生态优美的农业专业村和山区村，把精品农业园区、特色专业村的建设与村庄整治、农房建设有机结合起来，扶持低收入农户发展特色种养业、来料加工业、家庭工业、“农家乐”休闲旅游业。把特色农业专业村、农家乐专业村、历史文化名村等整体打造成桃花源式的美丽村庄。

2. 宜业

所谓“宜业”，就是进一步改善农村生产条件和创业环境，配套推进粮食功能区、现代农业园区、乡镇工业功能区建设，使农村成为能够满足

---

① 赵洪祝：《全面推进美丽乡村建设》，《今日浙江》2012 年第 21 期。

农民群众增收致富要求的平台，让更多农民就地就近创业就业。美丽乡村建设始终坚持以人为本、民生为重的要求，把让农民群众过上幸福生活作为美丽乡村建设的出发点和落脚点。为了促进农村充分就业，就要推进农民素质的提升。各地方举办“千万农村劳动力培训”工程和“农村‘两创’人才培训计划”，使得农民创业就业能力稳步提高。仅 2010 年，浙江全省便完成各类农村劳动力培训 108 万人，其中农村劳动力转移就业技能培训 30 万人，培训后实现转移就业 24 万人，转移率为 81%；农村实用人才培训 13 万人。“千万农村劳动力培训”工程累计参训农民达到 1002 万人，276 万农民实现培训转移就业。“基本公共服务均等化行动计划”全面实施，配置合理、功能完善、便捷高效的基本公共服务供给体系加快构建。

与此同时，农村社会保障体系基本建立，2017 年全省 542 万名 60 周岁以上符合条件的农村居民按月领取每人不低于 120 元的基础养老金。新型农村合作医疗制度不断完善，每年参合率保持在 90% 以上。农村社会事业加快发展，2015 年教育普及率达到 96. 2%，农村 20 分钟医疗卫生服务圈基本建立，乡镇、行政村有线电视联网率分别达到 100% 和 99% 以上。

3. 宜游

所谓“宜游”，就是在美丽乡村建设中，充分挖掘、保护江南农村人与自然和谐相处的耕读文化底蕴，并注入现代生态文明建设新的活力。为改善村容风貌，浙江省各乡村在着重开展垃圾收集、沟池河清理、露天粪坑清除、道路修筑、村庄绿化等改善村容村貌工作的同时，开始建设垃圾集中收集处理体系和沼气池、污水净化池等污染物、污水处理系统。例如，嘉兴市在全市建立了“户集、村收、镇运、县处理”的农村垃圾集中收集处理体系，发放垃圾桶，设置村级垃圾收集点、垃圾箱，建立镇级垃圾中转房，配备垃圾清运车、保洁员，通过发展垃圾焚烧发电，避免二次污染。玉环县开展农村“厕所革命”，利用沼气技术处理生活污水。截至 2015 年年末，全省共开展了 10010 个村的农村生活污水治理，受益农户（已接入和正在接入）245 万户，79% 的村实现了生活污水的有效治理，农村生活污水治理的农户受益率为 66%；开展了 104 个村的垃圾减量化和资源化处理试点，使全省 98% 的村实现了生活垃圾的集中式收集处理。目前，已有58个县（市、区）成为美丽乡村创建先进县。在村容村貌全面改善的基础上，浙江省各乡村以乡村田园景观、农事活动、农家乐为核心，结合本地的风俗民情，开发农耕展示、民间技艺、时令民俗、节庆活动、服饰民俗等旅游活动，依托优美的自然风光，兴建配套的娱乐设施，满足休憩、健身等功能，形成以休闲、度假为主要内容的旅游线路。

此外，在推进美丽乡村建设中，各级各相关部门根据自身职能，切实加大对美丽乡村建设的工作力度，努力推进部门工作和服务向农村延伸，做到“美丽乡村规划建设到哪里，相关部门的服务和资金配套就跟到哪里”。在政策上扶持美丽乡村建设，优先安排建设用地指标，简化审批手续，降低相关规费。各级宣传部门和新闻单位也加强了对美丽乡村建设先进典型的宣传报道，充分地调动农民群众建设美丽乡村的积极性。与此同时，各级政府积极动员社会力量参与美丽乡村建设，引导企事业单位、社会团体和个人投资捐资，增强共建共享美丽乡村的合力。各级政府切实增加投入，充分发挥公共财政对美丽乡村建设的支撑、引导和保障作用，为美丽乡村建设注入持久的动力，把新农村新社区建设不断推向更高的层次。

（三）“美丽乡村”建设的意义

美丽乡村建设是浙江推进生态文明建设和深化社会主义新农村建设的新工程、新载体，是统筹城乡发展、建设社会主义新农村实践的又一重大创新。美丽乡村建设对浙江的自然环境以及人居条件的改善有重大意义。

首先，美丽乡村建设按照促进人与自然和谐相处的要求，可以实现把建设生态文明与建设新农村有机结合起来，推动资源要素向农村配置，将农村打造成为“宜居、宜业、宜游”的美好家园。

其次，随着农民收入的快速增长、城乡发展的不断融合，农民群众对村庄整治建设和农房改造建设的要求，已经从过去希望有宽敞的个人住房、洁净的村庄环境，提升为希望有优质的公共服务、良好的人居环境和品质生活。因此，建设美丽乡村能够按照宜建则建、宜扩则扩、宜留则留、宜迁则迁的原则，科学合理地推进村庄的改造，为下一步提高村庄整治、农房改造和生态环境建设层次提供正确导向。

最后，美丽乡村建设是全面推进农村经济发展方式转变的客观需要。

加快经济发展方式转变，建设资源节约型和环境友好型社会的重点和难点在于农业和农村。美丽乡村建设有利于推进农村经济转型和社会转型，有利于转变农业农村的生产方式和农民的生活消费方式，提升农村人居环境和农民生活质量以及节约集约利用各类资源要素，促进人口、资源、环境相互协调。

三　打造绿色产业：特色小镇建设

中国已进入工业化中期的后半阶段，而工业文明严重地破坏了人类的生存和发展环境。如果盲目地扩大城镇数量而忽视生态要素，从长远来看，这对祖国的未来和百姓的福祉都会造成灾难性的后果。中国首次召开的城镇化工作会议指出，城镇建设要体现尊重自然、顺应自然、天人合一的理念，依托现有的山水风光，让城市融入自然。因此，浙江省计划用2017—2010年3年时间，在全省培育和规划建设100个特色小镇。目前，浙江已批复特色小镇创建名单79个，其中“旅游产业类”特色小镇共有17个。据统计，浙江17个“旅游产业类”特色小镇中，有4个已经建有5A级景区，其余13个正努力按照5A级景区标准加快建设。特色小镇作为一个新的事物，正成为新常态下浙江转型发展的新引擎和改革创新的新载体。

（一）特色小镇建设的提出

近年来，伴随着互联网经济、电子商务向传统产业的延伸、渗透和企业、个人创新经济活动的开展，浙江省的地域经济活动开始出现新的空间特征。一方面，率先在杭州出现的园区与社区融合、园区与景区融合、适合初创企业、被称为“特色小镇”的创新空间组织模式，如云栖小镇、梦想小镇和山南基金小镇等，得到省政府的大力支持和创业者的热烈响应；另一方面，一些根植于地方的传统优势产业在创新要素的引入、集聚和触媒作用下，也面临再升级的需求，并呈现出新的空间、功能特征。在此背景下，浙江省于2015年正式提出了“特色小镇”的建设目标，旨在通过建设一批产业特色鲜明、人文气息浓厚、生态环境优美、兼具旅游与社区功能的特色产业小镇。“特色小镇”的概念并不是浙江省首创，之前全国已有包括北京、天津、黑龙江、云南等多地提出打造特色小镇。与其他省市相比，浙江省的特色小镇建设过程中突出了对生态环境的高度重视。

（二）特色小镇建设的特点

特色小镇是以某一特色产业为基础，汇聚相关组织、机构与人员，形成的具有特色与文化氛围的现代化群落。特色小镇“非镇非区”，它是按照创新、协调、绿色、开放、共享发展理念，聚焦特色产业，融合文化、旅游、社区功能的创新创业发展平台。[①]特色小镇建设坚持产业、文化、旅游“三位一体”和生产、生活、生态“三态融合”发展的重要原则，其中生态元素是小镇最有魅力的元素之一，也是特色小镇可持续发展的重要保障。

1. 特色小镇环境优美

特色小镇的建设形态很重要，因为美好的事物、美丽的环境都能转化为很强的生产力。因此，浙江省的特色小镇建设向来重视对生态环境的保护和利用，以把特色小镇建成3A级景区为目标，其中旅游产业特色小镇按5A级景区标准建设。它力图在不过度消耗和损害能源的基础上，在社会需求、环境健康和经济繁荣之间寻求平衡，改善生态环境，提高资源利用效率，增强可持续发展能力。因此，可控的土地开发利用、可再生能源利用、节能改造与绿色建筑、低碳出行和低碳生活、生态环境保护与修复、三废处理及循环再利用等，是特色小镇建设的重要内容。

2. 特色小镇生态与产业相融合

加快特色小镇建设步伐，坚持生态与生产的融合发展，这是特色小镇区别于工业园区和景区的显著特征。每个特色小镇都注重多元创新的绿色经济思维，专攻本地区最有特色的产业。例如，以茶叶、丝绸、黄酒、中药、木雕、根雕、石刻、文房、青瓷、宝剑等历史经典产业中一个产业为主，远离以物质为中心的增长形态。围绕发展优势主导产业，提高土地产出率，积极发展低碳、生态产业，坚决控制禁止（淘汰）类产业发展；以节能、降耗、减排、增效为目标，持续性开展清洁生产，特别是重污染高耗能行业的清洁生产工作；推广清洁能源和可再生能源利用，推进生活垃圾和工业废弃物集中处理和资源化利用，重点开展太阳能光电、光热、水

---

① 翁建荣：《高质量推进特色小镇建设》，《浙江经济》2016年第8期。

源（地源）热泵等应用；设计优化环保生产工艺，加强环境污染监测和防治，全力抓好污水、废气、噪声、废渣的整治，努力为经济的绿色繁荣积蓄可持续发展的能量。

3. 特色小镇生态与生活相融合

浙江省在特色小镇建设过程中，始终把保护自然生态环境的意识渗透到小镇公共空间、交通设施和每一栋建筑的细节，从环境设计、建筑外观、功能布局、能源利用以及生活设施、现代服务等角度着手，改善居民生活环境和旅游业外部环境。特色小镇的街道以步行街为主，城内的主要交通工具是自行车而非汽车，城内城际间则有高效便捷的公共交通转换中心、完善的公共自行车服务系统和公共交通网络，便于人们绿色出行；特色小镇建设立足生态和景观，实施屋顶绿化项目和水体绿化项目；建筑、人工景观、农业园地和自然荒野相互交织，显得紧凑而各具特色。结合庭院改善、“三改一拆”工作，特色小镇实施建筑节能改造，推广太阳能光热利用、泡沫生态厕所、雨水利用等生态技术，推进生活垃圾分类管理和清洁直运，使人们可以轻易享受人与自然和谐之乐。

（三）特色小镇建设的举措

目前，浙江省的特色小镇建设有序推进，成效斐然，已成为全国特色小镇建设的样板之一。在建设过程中，以下几个举措值得借鉴。

1. 坚持生态引领，实现一统多动

坚持生态规划引领，创新和优化生态保护治理思路，是浙江省生态小镇建设的一大亮点。为了保障小镇的生态质量，必须坚持“政府引导、企业主体、市场运作”。既要充分发挥市场配置资源的决定性作用，通过实行资源有偿使用和生态补偿制度，发展生态环保市场，吸引社会资本投入特色小镇人与自然和谐发展的建设当中，也要发挥政府在创造制度环境、提供公共服务、加强社会治理等方面的职能。为此，浙江省委省政府提出了生态文明建设有关政策和生态保护的有关措施，出台了强化生态相关产业支撑的优惠政策，加大了生态基础设施建设的投入，加强了环境污染经济处罚措施，加快了环境污染治理进程，形成了有利于小镇生态文明建设发展的政策驱动和保障机制。浙江省文化厅也成立了特色小镇文化建设领导小组，各个业务处室明确年度工作目标和工作计划，按照建设生态文明的要求，牢固树立人与自然和谐的理念，科学规定生产、生活、生态空间，划定生态红线，与省级有关部门建立了工作沟通机制。政府通过“一方统筹，多方联动”的方式，保障特色小镇建设的健康发展。

2. 坚持项目带动，强化文化产业

浙江特色小镇的建设围绕每个小镇的开发现状、区位优势以及环境承载力，坚持项目带动和产业集聚，推进经济结构调整和文化产业的发展。在浙江全省目前打造的特色小镇中，1/3 到 1/2 的小镇是基于文化元素推进产业或者直接依托于文化资源。为了发挥文化优势，浙江省政府出台了关于推进历史经典文化产业发展的系列政策，如省文化厅与省旅游局联合起草了推进龙泉青瓷和宝剑产业发展的政策意见。作为特色小镇考核的重要指标之一，非遗的保护传承在特色小镇建设中得到了高度的重视。例如，杭州市上城区南宋皇城小镇进驻非遗项目 20 多个，在特色小镇中形成了非遗集中展示和活态传承基地。

同时，公共文化服务配套工程开始逐步推进。很多特色小镇在建设规划开始就把公共文化服务的配套工程纳入其中，文化艺术中心、剧院、图书馆、博物馆、展示馆等一大批工程在各个特色小镇开始建设，部分已经投入使用。部分特色小镇在文化活动策划、文化对外交流方面开展了探索，乌镇戏剧节、古堰画乡国际音乐节等特色小镇文化活动的影响力显著增强。省文化馆、美术馆等也围绕特色小镇文化建设举办了特色小镇群众文艺展演、特色小镇题材音乐新作展演、系列专题展览等活动，为特色小镇文化品牌的打造奠定了良好基础。部分文化艺术主题特色小镇打造潜力巨大，如遂昌汤显祖戏剧小镇、嵊州越剧小镇等，正积极申报第三批省级特色小镇，作为全省特色小镇的后备建设团队，也具有较大的发展潜力。

3. 坚持宣传引导，营造生态创建氛围

建设生态小镇必须提高公众的生态意识，使人们认识到自己在自然界中所处的位置和应负的环境责任，改变传统的消费方式，增强自我调节能力，维持小镇生态系统的高质量运行。充分调动社会民众参与生态小镇建设，既需要政策的支持，更需要社会公众的自我觉醒。浙江省特色小镇生态建设注重紧抓公众的生态意识，为了引导广大人民群众参与生态小镇建设，以宣传教育为抓手，充分发挥新闻媒体的舆论监督和导向作用，宣传节能减排政策和先进典型。一方面，强化民众对生态优势在特色小镇建设中重要性的认识，绿水青山就是金山银山，生态环境是建设有特色的个性化小镇的基础和条件；另一方面，提高全民的环保意识，增强全民节约资源、保护环境的自觉性和主动性，营造浓厚的生态文化和生态创建氛围。

此外，特色小镇建设坚持民生为本，积极推进各项生态基础设施配套建设，这方面西湖区的云栖小镇表现突出。云栖小镇积极推进完善配套建设，加快园区污水处理设施建设，实施绿化景观和人行道等提升改造工程，建设云栖小镇主题公园，协调增开园区公交线路及专线巴士，加快微公交站点及公共自行车租赁点的布局和建设，全面提升小镇的生态环境。

第三节　成效与范例：五水共治、美丽乡村与特色小镇

多年来，浙江省以“八八战略”为总纲，认真贯彻中央和省委、省政府关于生态文明体制改革的决策部署，按照“秉持浙江精神，干在实处、走在前列、勇立潮头”新要求，坚定不移地走“绿水青山就是金山银山”之路，坚持问题导向，立足浙江实际，以建设美丽浙江为目标，以绿色发展为主线，以改善环境质量为核心，在建设高水平的生态文明方面取得了显著成效。

一　“五水共治”战略的成效与范例

站在高水平全面建成小康社会的关键节点，面对百姓“水更清”的愿景，浙江省以“八八战略”为总纲，不遗余力地打好“五水共治”攻坚战。时至今日，“五水共治”取得了显著成效。

（一）主要成效

1. 治污水

自 2014 年以来，浙江省广泛开展了垃圾河整治行动，各个地区根据设定目标，通过河道清淤、垃圾打捞、河岸整治、截污纳管、源头管理等措施，深入推进整治行动，全面提升了交界断面水质，大部分河道从Ⅴ类水恢复到Ⅲ类水。仅 2014 年，浙江省已完成黑河、臭河自报整治长度的

98.7%，全省累计完成治理5041.5公里，超额完成年度确保任务1500公里和力争年度任务2500公里。[①] 对重点行业的整治也成效显著，关停印染、造纸、化工企业1134家。在农业面源污染整治中，浙江省一方面全力推进禁限养区养殖场的关停、合并、转让工作，另一方面积极推进生态养殖场建设。浙江全省已关停或搬迁养殖场74611个，百分之百完成既定目标。

2. 防洪水、排涝水

浙江省自2014年“五水共治”号角吹响以来，计划投资2048亿元，推进“强库”、“固堤”、“扩排”三大工程。到2020年，保护重要城市的江河干流和海塘将达到百年一遇及以上的防洪标准，保护县级城市的江河干流堤防和海塘达50年一遇的防洪标准，沿海平原也将达20年一遇的排洪标准。在坚持科学防洪、常态化防洪和全员防洪理念的指导下，将技防、物防、人防结合并施，使防洪工作取得显著成效。首先，防洪能力持续提升，在加强防汛防台体系建设的同时，不断完善法律法规、组织责任、应急预案、抢险救援等非工程措施，在遭遇洪灾时基本实现“不死人、少伤人、少损失”的目标。其次，浙江省防洪管理水平不断提高，安全管理责任制度随着《浙江省防汛防台抗旱条例》和《浙江省水利工程安全管理条例》的颁布逐步健全。随着计算机实时监测技术的建设，防洪管理也愈加现代化和自动化。目前，浙江省城镇江堤已配合城镇建设，渐渐成为景观。

随着“强塘固房”工程的建设以及区域防洪排涝工作的进展，浙江省的排涝水能力不断提升，排涝水的制度也不断完善。目前，浙江省主要平原和低洼易涝地区的排涝标准已提高至10年一遇以上；规划内病险水库、水闸、山塘除险加固和海塘配套加固全面完成，病险水库年发生率控制在3%以内；山洪地质灾害防御的薄弱环节已得到加强。在加快推进排涝项目建设的同时，各地有关部门建设管理并重，进行大中型水利管理工程体制改革，省财政每年安排专项资金用于支持河道堤防等的维护修养。

3. 保供水、抓节水

供水直接关系到人民身体健康和公共卫生建设。在饮水工程和水库建

---

① 沈满洪、张迅等：《2014/2015年浙江生态经济发展报告》，中国财政经济出版社2015年版。

设中，浙江省颁布了《浙江省清洁水源行动方案》《进一步加强饮用水水源保护工作的意见》和《关于进一步加强湖泊水库水环境保护工作的意见》，对湖库特别是饮用水水源湖库以及水厂取水扩大了检测范围，加密了检测频次，提高了居民的饮用水安全。浙江单位的GDP用水量也在逐年递减，如2013年的GDP用水量为62.55立方米，而2014年浙江省GDP用水量是57.29立方米，下降趋势还在逐年继续。人均用水量也得到控制，其中2013年人均耗水量为200.25立方米，2014年下降为189.09立方米，下降幅度明显。

此外，"五水共治"在各个地方也取得了显著成效。2012年，嘉兴曾是浙江唯一一个交接断面水质考核不合格的设区市。启动"五水共治"后，嘉兴不舍昼夜地整治畜禽养殖污染，关停污染企业，加快截污纳管工程建设，提标改造污水处理厂。到2015年年底，嘉兴成功消除省控劣Ⅴ类水质断面；2016年年底又亮出新的成绩单，Ⅳ类及以上水体比重提升至93.1%，其中Ⅲ类及以上水体比重提高到19.2%，出境水水质优于入境水水质。诸暨市是传统工业重镇，制造业产值超过千亿元，但占大头的袜业、纺织、化工、珍珠加工等传统产业，大多耗水严重，工艺落后，排污量大。启动"五水共治"前，诸暨大小河流中，劣Ⅴ类水质占44.9%，Ⅲ类及以上水质仅占26.53%。当地痛下决心，向岸上落后产业"开刀"，统筹实施治水。据最新监测结果，诸暨全市39条河流、49个重点整治河段，已连续16个月保持Ⅴ类及以上水质，其中Ⅲ类及以上水质河段占比高达90%。

良好的水环境也带动了经济发展。2016年6月，被称为"中国水晶玻璃之都"的浦江，与世界著名水晶产地捷克共建中捷水晶产业合作园。在太湖南畔的长兴县，总投资200亿元的浙商回归项目——太湖龙之梦乐园，在整治后的太湖图影湿地之畔崛起。

（二）"五水共治"的典型范例——浦江县

"躺在垃圾堆上数钱，躺在医院里花钱"，这曾是浙江省浦江县老百姓挥之不去的噩梦。而如今的浦江风景秀丽，花团锦簇，美不胜收。这一切转变都与"五水共治"息息相关。

水晶产业是浦江县的特色产业，是浙江传统"低、小、散"产业的典型。水晶产业的污染加上其他产业的污染，曾使浦江污水横流、垃圾遍地，生态环境质量公众满意度多年来列全省倒数第一。面对水污染空前严重的现实，浦江县委、县政府发动全民参与，以治水为突破口推进产业转型升级。自2013年以来，全县累计依法查破水污染案件280起，行政拘留303人，刑事拘留60人；累计关停水晶加工户近两万家，目前仅剩1200余家。如今，浦江全县462条垃圾河、577条牛奶河、25条黑臭河、22条劣Ⅴ类支流已被彻底消灭，浦阳江出境断面水质已从连续8年劣Ⅴ类到基本达到Ⅲ类水。为整治污染，建设美丽新浦江，当地政府和居民为此付出了巨大努力。

首先，浦江县重视通过文化引领推进“五水共治”。将治水过程中涌现的各种先进事迹和优秀经验做法通过群众喜闻乐见的道情[①]、歌舞、小品、音乐快板等文艺作品进行演绎，进村入户，让治水深入人心。全县成立了302支义务护水队，先后开展了5次大规模“零距离、接地气”的治水全民大会战，累计发动全县群众逾40万人次，清理河道577条、池塘1000余个，清理垃圾6.5万吨，清淤疏浚60万余立方米。

其次，以最严厉的措施抓治水。政府各个部门“分进合击”整治浦江水晶污染，设置了“高压线”整治重污染企业，划定了“禁养区”整治畜禽污染。为了达到治水目的，浦江县采取了“哪条法规硬就用哪条法规套、哪个部门处理快就叫哪个部门来、哪支队伍强就叫哪支队伍上”的做法。

再次，以最科学的态度抓治水。浦江县制订的“五水共治”三年行动方案（2014—2016年）成果斐然。计划实施仅一年，便在浦阳江主干流上建设了大型人工湿地6个，占地2352亩；沿岸小型人工湿地建有多达168个。浦阳江畔的翠湖从原来远近闻名的垃圾塘、臭水湖变为美丽的生态湿地公园、“天然游泳场”。

最后，以最明确的责任抓治水。县治水办以及各乡镇（街道）建立了“五水共治”作战室，建立了由县级领导担任河长，乡镇（街道）级领导担任支流长，村（社）支部书记、主任担任段长，村（居）民担任保洁员的四级治水责任体系，制定了《河长制》等多项工作手册，明确了整治

① 道情是一种与各地民间音乐结合的说唱曲艺形式，一般以民间故事为题材。

时间表、路线图、责任单位、责任人。全县618名专职保洁员实行定人、定时、定点、定责，做到保洁随时在、垃圾及时清。县里还成立了32个以县领导为组长的工作推进组和15个部门纪检负责人为组长的工作督察组，对全县“五水共治”工作进展情况进行定期督察暗访，并开展机关企事业单位干部职工下乡随手拍活动，建立微信平台，狠抓整改落实。

浦江县以“一点都不马虎、一天都不耽误”的精神实施“五水共治”，取得了显著成效，生态环境明显改善，治水治出绿水青山。一是水环境质量持续好转，2014年便提前一年实现2015年浦江治水目标。二是“清三河”工作率先完成。全县577条“垃圾河”、462条“牛奶河”、25条“黑臭河”被彻底消灭，成为全省首批9个“清三河”达标县（市）之一。壶源江全线、浦阳江同乐段率先被省人大认定为“可游泳河段”。三是生态环境质量公众满意度提高，浦江县过去在全省90个县市中排名倒数第一，2014年跃居至第18位，入选了首届“浙江最具魅力新水乡”。

二　“美丽乡村”建设的成效与范例

自省第十四次党代会提出，大力建设具有诗画江南韵味的美丽城乡，深化美丽乡村建设，谋划实施“大花园”建设行动纲要以来，浙江省各乡村接连启动“千村示范、万村整治”工程。在政府和人民群众的不断努力下，浙江省的美丽乡村建设工作取得了显著成效。

（一）建设成效

1. 人居环境质量不断提高

合理利用资源，改善生态环境，是提升人居环境的一项重大举措。浙江省各地在典型村落的示范带动作用下，美丽农村建设已显现出从点到线、从线到面的发展趋势。例如，嘉兴市分别在各县确定了一个重点镇，在镇域范围内全面铺开整治建设工作。金华市在集中整治交通沿线、城镇附近村庄的同时，把“沿线”与“联片”结合起来，部署了开展整乡整镇的村庄整治建设行动。

各地在县域村庄布局规划的指导下，一方面继续对符合布局规划的村庄进行就地整治建设，另一方面开始对不符合布局规划的行政村和自然村进行拆并，推动中心村建设和农村人口集中居住。不少地方为了优化村庄布局，调整了行政村区划，仅一年时间全省行政村总数就减少了 2877 个。温岭市松门镇松建村将分散的 43 个自然村和居民点整合为 2 个自然村，人均宅基地面积从 94 平方米减少到 68 平方米，而人均住房面积却由 36 平方米增加到 64 平方米。嘉兴、杭州、湖州、绍兴、台州、义乌等一大批市县，也积极稳妥地推进村庄撤并和中心村建设。全省应编制县域村庄布局规划的 77 个县（市、区）都已完成了编制工作，有 1151 个示范村、8516 整治村和 10502 个其他村庄完成了村庄建设规划或村庄整治方案的编制任务。

各地在着力推进村内道路、村庄环境、住房外观、休憩场所等人居环境建设的同时，适应农民群众全面提高生活质量的要求，开始推动城市公共服务和商业服务网络向农村社区延伸，加快农村社区公共服务体系建设和社区服务业发展。例如，嘉兴市公共交通已通达到所有乡镇和大部分村，并开始建设文化活动中心、便民咨询点、放心超市、医疗卫生站“四位一体”的社区服务设施。

2. 农村产业发展多样化

美丽乡村建设顺应了我国消费结构转型和升级的趋势，不仅有利于满足城乡居民新的消费需求，而且有利于开拓农民增加收入的新门路，展现了生态经济的勃勃生机和美好前景。浙江省各地在推进美丽乡村建设中，不仅搞好建设和管理，而且以发展的眼光来经营村庄，把潜在的资源转化为可以增值的资产、资本，促进农民财产性收入不断增加；把美丽乡村建设与发展庭院经济、农家乐、来料加工业紧密结合起来，促进农村二、三产业发展。一些地方还通过推动规模经营、宅基地整理、用活村级留用地政策、异地发展物业经济等途径，发展村级集体经济，形成了美丽乡村建设与农村经济互动发展的良好关系。例如各地在推进村庄整治建设中，顺应城乡居民休闲旅游需求的兴起，大力发展以“农家乐”为代表的乡村休闲旅游业。2014 年，浙江省休闲农业观光区总产值达 180 多亿元，旅游观光总收入超过了 100 亿元，是 2010 年的 2 倍多。[①] 环境美化与经济发展良

① 高淑媛：《农村发展四大变化统筹水平尚待提升——“十二五”以来浙江经济社会发展评价分析之四》，2015 年 4 月 30 日，浙江统计信息（http：//www. zj. stats. gov. cn/tjfx_ 1475/tjfx_ sjfx/201504/t20150430_ 157059. html）。

性互促的“村美民富”局面正在形成。2015 年，浙江城乡居民收入继续稳居全国省（区）第一，城乡居民收入比进一步缩小，原 26 个欠发达县实现集体“摘帽”，家庭人均年收入 4600 元以下贫困现象全面消除。农村居民人均纯收入已连续近 30 年保持全国省区第一。例如临安市巧打生态牌、文化牌和山货牌，在推进村庄环境整治中，配套建设休闲旅游设施，促进了乡村休闲旅游业的蓬勃发展，带动了农产品销售。

3. 农村生态文化日益丰富

农村生态文化日益丰富，村民永远记得住乡愁。在美丽乡村建设的实践中，浙江还特别注重保持和弘扬乡土文化，大力保护历史文化村落，丰富农民群众的精神文化生活，注重传统和现代相结合的新时期乡村文明建设，让农民群众在“身有所栖”的同时“心有所寄”。2012 年，浙江全面启动了 260 个历史文化村落的保护和利用，科学整治村落人居环境，推进村风村容建设；发掘和传承优秀传统文化，教育广大农民珍惜先人遗产，确保将文化遗产永续传递下去，传承给子孙后代。2013 年，全省启动建设 1000 个“农村文化礼堂”。各地纷纷发掘能够反映村落个性、体现地域特色的文化和技艺，建设各种文化场所，打造特色文化村，充分展示不同特点的地域文化。有的乡村已经依托已有的文化场地，建设了多功能的“农村文化礼堂。”[①] 截至 2015 年，全省在建的历史文化村落保护利用重点村有 130 个，保护利用一般村有 649 个；农家乐特色村有 897 个、特色点（各类农庄、山庄、渔庄）有 2389 个。“千万农民素质提升工程”培训总人数为 35 万人。浙江美丽乡村建设的生动实践，勾画出了生产发展、生活宽裕、乡风文明、村容整洁、管理民主的社会主义新农村的美好画卷。社会主义新农村建设，浙江又一次走在了时代的前列。

（二）“美丽乡村”建设的典型范例——安吉县

安吉地处浙西北，自然景观和人文景观荟萃，是浙江省重要林区县，为全国著名的“中国竹乡”。境内有安吉竹乡国家森林公园、安吉龙王山黄浦源景区、竹子博览园等景区，以上马坎遗址为代表的历史文化，以竹

---

① 方益波、王政、商意盈：《绿水青山就是金山银山——探秘“美丽乡村”的浙江样本》，《经济参考报》2013 年 11 月 11 日。

子、白茶为代表的物产文化，以畲族文化为代表的民族文化等。2010 年，安吉“中国美丽乡村”建设模式正式成为“国家标准”和省级示范，被授予全国唯一的县级最佳人居环境奖，2011 年地区生产总产值达到 222 亿元，财政总收入 29.1 亿元，农民人均收入 1.4 万元。[①] 它是浙江省新农村建设的一个成功范例。安吉在美丽乡村建设上的成功，给其他地区的乡村建设以启示和示范。

1. 发挥生态优势

安吉县自美丽乡村建设以来，通过开展村庄环境整治，促进村庄环境的布局优化、道路硬化、村庄绿化、路灯亮化、卫生洁化、河道净化等，村容村貌和生态环境得到全面改善。2011 年，安吉县农村生活污水处理的行政村达 152 个，覆盖率达 81.3%；全县实施垃圾收运一体化、处置无害化模式。林区具有工业污染少、空气新鲜、环境优美等特点，对先期实施宜居环境有着得天独厚的基础条件。安吉县根据本县生态环境特色因势因地搞建设，不搞“一刀切”，做到移步换景、看景辨村，彰显一村一品、一村一景，给人以“十里不同景，人在画中游”的视觉冲击。依托美丽良好的生态环境，发展生态休闲旅游，形成了各具特色风味的“黄浦江溯源”、“大竹海探幽”、“昌硕故里”、“白茶飘香”四条精品旅游观光带。以“住农家屋、吃农家菜、做农家活、享农家乐”旅游项目为主，融趣味性、参与性、休闲性为一体的“农家乐”特色旅游得到蓬勃发展。生态资源、自然环境、美丽乡村等，都转化为资本、经济优势，成为当地农民创业增收致富的重要来源。

2. 注重科技运用

安吉美丽乡村建设坚持应用现代科技与传统技艺，在科技推动下发展生态经济，整合培育资源。实施农村沼气系统建设、农房节能改造，推广农业生产节水、节肥、节能新技术，严格限制高污染、高耗能企业进驻，所有工业项目都向工业功能区集中。通过一系列因地制宜的技术运用和不断创新，改善了县域环境质量，实现了生态环境保护与经济发展的良性循环。在农业经济方面，以农业粮食功能区和现代农业园区（“两区”）建设

① 杨晓蔚：《安吉县“中国美丽乡村”建设的实践与启示》，《新农村建设》2012 年第 9 期。

为主平台，加快一产“接二连三”“跨二进三”步伐，创新发展生态农业。安吉拥有林业用地207万亩，竹林面积108万亩，2011年全县共有竹制品加工企业1800多家，产品已形成竹地板、竹工机械、竹工艺品、竹叶生物制品、竹炭六大系列近700个品种，建成49个现代农业园区；安吉白茶通过科学技术培植、推广应用，目前已经拥有种植面积10万亩，年产量1000吨，形成了1个国家级标准化示范区、2个省级标准化示范区，成立了31家专业合作组织，初步实现白茶产业规模化发展。2011年建成13个毛竹现代科技园区，重点实施“安吉县竹产业竹全面提升关键技术集成与推广工程”，通过科技项目实施，进一步提高竹林培育和竹加工产业科技水平，增强竹加工企业科技创新能力和竹农创业致富能力。林业科技为推进竹产业转型升级，给美丽乡村建设注入了活力。

3. 制定科学规划

在提出建设中国美丽乡村的明确目标之后，安吉县坚持规划先导，把编制高水平的规划作为全面推进中国美丽乡村建设的基础工作。在研究制定《安吉县建设中国美丽乡村行动纲要》基础上，还委托浙江大学编制完成了《安吉县中国美丽乡村建设总体规划》。参照规划，从自身实际出发，坚持以规划为引领，将其他各类专项规划有机纳入美丽乡村建设整体规划，明确了发展目标和创建任务。2008年，全县共投入规划资金711万元，请设计部门进行了县、乡镇、村的专项规划。他们按照优雅竹城、风情小镇、美丽乡村的立体格局，把全县作为一个大景区来规划，把一个村当作一个景点来设计，把一户农家当作一个小品来改造，注重与县域经济发展总体规划、生态文明建设规划、新农村示范区建设规划纲要、乡（镇）村发展规划等相对接。同时，按照“串点成线、连线成片、整体推进”的要求，全力规划和打造中国大竹海、黄浦江源、白茶飘香、昌硕故里四条精品观光带，并根据每个村的特点和基础，按“一村一品、一村一景、一村一业、一村一韵”的要求，将全县187个行政村划分为40个工业特色村、98个高效农业村、20个休闲产业村、11个综合发展村和18个城市化建设村。这些系统、全面、科学的规划，描绘了一幅清晰、美好的美丽乡村蓝图，为全面推进美丽乡村建设提供了重要依据，也让安吉人民明确了今后努力奋斗的目标和方向，激发了全县干部群众投身美丽乡村建设的热情。

4. 创建标准体系

根据建设中国美丽乡村的总体规划和总目标，安吉县十分注重制定美丽乡村标准化指标体系。首先，修订完善了《中国美丽乡村建设考核验收办法》，设置了36项考核指标，根据工作权重，实行百分制考核，又根据考核分值高低、各村的不同情况和基础，划分精品村、重点村、特色村三个档次，按不同要求给予相应的奖励补助，做到先易后难，梯度推进。在此基础上，收集相关标准，通过整合、提炼、完善，制定《中国美丽乡村建设规范》等标准，出台《中国美丽乡村标准化示范村建设实施方案》，形成了完整的中国美丽乡村建设标准化体系，基本涵盖美丽乡村的建设、管理、经营等各方面的内容，使美丽乡村建设各个环节操作有据、各个项目实施有法、各个岗位考核有章。几年来，通过开展以“改水、改路、改线、改厕、改房和美化”为主要内容的村庄环境整治，使村庄人居环境达到“八化”（即布局优化、道路硬化、村庄绿化、路灯亮化、卫生洁化、河道净化、环境美化和服务强化）标准，农村村容村貌和生态环境得到全面改善，农村干部群众的环保意识也明显增强。同时，安吉县还十分重视美丽乡村建设的过程管理和长效管理，严格实行建设项目申报和公开招标制度，每年组织创建村复评，巩固建设成果，对连续两年社会管理、长效保洁不达标的予以摘牌。积极探索城市物业管理进农村社区的做法，建立了县、乡镇、村、个人每个月各出一元的管护保洁经费筹措机制，确保农村环境长期保洁。

另外，安吉县注重保护和传承具有浓郁农村地方特色的优秀传统文化，培育具有时代特色的现代乡村文化。安吉不仅拥有独特的孝文化、竹文化、茶文化、昌硕文化、邮驿文化和移民文化，还有马家弄威风竹鼓、上舍村竹叶龙舞、郎村畲族文化、迂迢书画、昆铜化龙灯等一批乡土特色文化。这些特色文化的发掘，使安吉县涌现出一大批各具特色的文化名村。

三　“特色小镇”建设的成效与范例

浙江省作为特色小镇建设的先行者，特色小镇建设已经呈现出欣欣向荣的良好局面，赢得了中央领导的高度肯定和主流媒体的高度聚焦。特色小镇迄今为止已六上中央电视台《新闻联播》，成为全国特色小镇建设的范例。

（一）建设成效

自2015年1月以来，全省已申报完成两批次共79个省级特色小镇创建项目，其中首批37个于2015年6月公布，第二批42个于2016年1月公布。从地区分布上看，已创建的省级特色小镇在全省11个设区市均有覆盖，且以杭嘉湖和宁波地区数量为多。其中，舟山3个、杭州19个、宁波7个、温州5个、湖州6个、嘉兴9个、绍兴6个、金华6个、衢州5个、台州5个、丽水8个。

1. 特色小镇加快了产业转型升级

特色小镇是培育新产业、催生新业态的孵化器。例如以信息产业为主导的富阳"硅谷小镇"，以"有核无边、辐射带动"为理念，以高标准、高质量、高起点筹建，已引进入驻企业200多家，聚合了一批重量级新兴产业项目。特色小镇也加速了传统产业转型发展。浙江省各地运用特色小镇建设理念，努力引进新技术、新功能，促进产业转型升级。比如，衢州本是一个重化工业产业结构特别明显的地区，自从建设特色小镇以来，它主攻节能环保、新能源、生物医药等战略性新兴产业，依托巨化集团引进国内外高新企业34家（包括23家外氟硅产业的优质企业），建成了国内产业链最长的锂电池产业基地，还引进总投资70亿元的韩国晓星工业园项目，力争打造全国乃至全球跨境贸易电子商务创新综合试验区。

2. 特色小镇成为新的人才集聚地

为了吸引人才来到特色小镇，为特色小镇的发展献计献策，浙江省各地特色小镇纷纷建立完善人才激励机制，以事业和平台集聚人才，让人才引得进、留得住、用得活。例如，被授予浙江省级海内外高层次人才创业基地的"云栖小镇"，始终将引进和培育高端人才作为头等要事，在各项政策的作用下，目前已集聚中国云计算领域领军人物王坚、清华大学副校长施一公、国家千人计划联谊会副会长张辉、阿里云总裁胡晓明等国内顶尖人才。而滨江"物联网小镇"，围绕打造国内物联网产业高地，两年集聚高端技能人才2.5万人，其中国家千人专家、海归人才3900人。[①]“梦想小镇”已累计引进人才1900人，其中“国千”93名、“省千”118名，成为全省高层次人才最密集、增长最快的人才特区。除此之外，还有安吉“两山”创客小镇、萧山信息港小镇、江干丁兰智慧小镇、富阳硅谷小镇、建德航空小镇、上虞E游小镇等，纷纷在引才引智方面作出不懈探索和努力。

3. 特色小镇推进了供给结构性改革

首先，特色小镇为创造多种有效供给提供了新思路。特色小镇集成了产业、文化、旅游和一定的社区功能，是一、二、三产联动发展、生产生活生态融合发展的集合体，在一个小小空间里创造多样化的供给，给不同客户提供多种有效需求。例如，龙泉青瓷小镇在原有提供青瓷产品的基础上，为工艺大师提供青瓷作品的制作和展示平台，为游客提供了解青瓷文化、体验青瓷制作、定制青瓷产品等多样化服务，为当地农民的就地转移致富开辟了新渠道。其次，特色小镇在提高供给质量上有新作为。特色小镇建设以加快产业转型升级为目的，因此集聚了各类高端要素和各种新技术，因此在产品供给质量上有新提升。再次，特色小镇在提升供给效率上有新示范。特色小镇举全镇之力紧盯一个特色产业，有效利用最新技术研发产业全系产品，能满足消费者个性化的需求。例如，桐乡毛衫时尚小镇既生产大众毛衫，又为各种人群定制毛衫，个性化需求得到有效对接。最后，特色小镇的创建制、政策的期权激励制和追惩制，定制的个性化服务政策，是典型的政府供给制度创新。

（二）特色小镇建设的典型范例——龙坞茶镇

龙坞茶镇位于浙江省杭州市西湖区西南部，交通便捷，离市中心仅15公里，四周山峦起伏，环境优美静雅，具有独特的山体茶园景观。境内有山林约976公顷，茶园约338公顷，是西湖龙井茶主产地，占总产量的60%，是全国屈指可数的“万担茶乡”。在打造特色小镇之前，单一的传统茶产业及低端的旅游业难以支撑龙坞茶镇经济区块的发展。创建特色小

---

① 浙江省政府参事调研组：《喜看特色小镇兴浙江——浙江特色小镇建设的调查与思考》，《浙江经济》2016年第22期。

镇之后，龙坞茶镇发生了翻天覆地的变化，现在已经成为以“龙坞茶文化产业”为主导，集乡村旅游、文化创意、民俗体验、运动休闲、养生健身等于一身，彰显茶乡农业生态风情的特色小镇，龙坞茶镇的建设经验值得我们借鉴。

1. 夯实茶业基础

茶产业作为龙坞茶镇的历史经典产业，是特色小镇发展的原动力。作为“万担茶乡”的龙坞茶镇，以茶叶种植业作为第一产业，因此优化现有茶叶种植业是特色小镇产业发展首要任务。一方面，保护现有山林、溪流等自然资源，以最优质的山水、土地培育高品质的龙井茶，保证茶叶质量。另一方面，通过学习新型农业生产技术，提高茶叶品质及生产效率，如改进田间培肥技术以提高土壤肥力，提高茶叶质量；从种植茶树到养育、采摘等全部流程采用模块化管理，提高生产效率，最终获得生产与自然的双赢局面，打造原生态、高效率、高品质的“茶之源”。茶叶加工作为第二产业，是整个龙坞茶产业链中最重要的环节，发展现有加工业的深度和广度是挖掘茶叶附加值、提高经济收益的重要途径。一方面，采用现代科技以拓展茶加工业深度，从茶叶生产的每一环节提高茶叶品质及生产效率。例如在加工环节，通过出产设备的改进、质量操控技能的提高，供给质量安稳、成本低廉的商品；在包装环节，选择适合茶叶商品特性的包装方式及包装材料，实现并增加商品的价值；在储存环节，引入经济、高效的茶叶保鲜技能，延长茶叶保鲜期，提高饮用时茶叶的色、香、味、形。另一方面，通过茶叶加工多元化的探讨，发展茶叶相关创意衍生品，以茶产品的广度来提高其附加值。可以考虑生产与茶叶相关的养生保健品、食品及饮品、日常用品等，如茶药、茶食、茶饮、茶香水、茶香烛等，甚至拓展茶文化相关产品，如茶器等。

2. 发展第三产业

首先，依托茶业，发展旅游。近年来，乡镇休闲游逐步成为大多数城市居民的首选。茶产业不仅能为农户带来经济效益，它独特的山地田园景观资源，以及龙坞茶镇周边丰富的旅游资源，为小镇发展“茶＋旅游”产业提供可能。一方面，茶生产及茶文化是龙坞茶镇旅游的特色吸引点，因此龙坞茶镇着力发展体验式的茶园经济及茶文化相关旅游项目，如亲子互动采摘、茶农生活体验、茶文化展览馆、茶文化商业街等；另一方面，不断推广茶乡慢生活，拓展乡村旅游范围，使其不局限于农家游、茶主题游，丰富乡村休闲游项目。通过提升茶园、山林和水溪的景观风貌，利用龙坞自然的地形特征，设置自驾、自行车、徒步、登山、攀岩、露营、探险等一系列户外拓展运动场所，并配套综合运动设施，全面提高运动相关产业，以吸引更广泛的人群，进一步丰富休闲旅游产业。

其次，开展慢生活体验活动。养老产业是我国的朝阳产业，龙坞茶镇靠近城市，周边老年群体收入水平较高，结合其丰富的自然景观资源及茶产业、旅游业，可发展培育老年休闲娱乐业、养老设施供应链产业，如老年人休闲茶馆、养生会所、养生住宅、养老院等。并逐步带动周边地区，进一步完善养老相关产业，如老年学习培训产业、老年医疗保健产业等，最终打造一条产业化、专业化、标准化的养老产业。由于龙坞茶镇毗邻中国美术学院，已有部分美术培训机构，但规模较小。因此，可依托现有独特的艺术氛围，整合美术培训资源，依托美院平台，打造杭州艺术培训新品牌，并将艺术培训、艺术品创作、艺术品销售等统筹规划，做到艺术与产业的多方面对接。进一步拓展美术艺术为艺术文化，发展音乐、会议会展等更广泛的艺术文化，如音乐茶馆、茶田民乐、茶溪会议中心、文化会展中心等。

3. 小镇功能分区

为了使小镇规划更合理，功能更集中，在特色小镇建设过程中，龙坞茶镇根据自身产业定位及地理条件划分为自然风貌区、民俗风情区、产业集聚区三类。

自然风貌区包括“茶山健康运动区”“茶乡养生养老区”及“茶文化体验区”。根据产业定位需求，该区域以自然山地景观为主，建筑为辅，而现状以自然农田为主，建筑较少，因此以新建房屋为主。建筑风貌以小体量、原生态材料的低层建筑为主。将建筑融于环境中，采用分散的、小体量的建筑以及低调、平实的建筑色彩等手法，做到隐秘于自然的日的。

民俗风情区包括“茶溪休闲体验区”“茶韵美术文化区”及“茶田音乐艺术区”。根据产业定位，该区域主要营造具有民宿风情的商业街，塑造与茶文化有关的主题度假村落。现状中，建筑主要集中在“茶溪休闲体验区”及“茶田音乐艺术区”，其中“茶溪休闲体验区”为龙坞茶镇的人气聚集地，但建筑质量差，风貌难以统一，而“茶韵美术文化区”以自然农田为主，因此这两个片区以新建房屋为主，在保留建筑质量好、具有传统特色民俗建筑的基础上，拆除其他建筑，新建具有传统特色和时代气息的新民俗建筑。而“茶田音乐艺术区”以建筑改造为主。整个区域除反映传统建筑立面符号外，还须保留、延续村落的街巷肌理、建筑的空间构成，同时新旧材料结合使用。

产业集聚区主要包括“茶产业提升区”及“茶产业科研区”。该区域建筑需要取得现代与传统的平衡，以服务于茶产业的研发、展示和销售功能。现状中，以工厂建筑为主，结构和质量良好，但外观风格陈旧。结合前后产业定位差异，前者保留现状工厂，后者改造提升，以在布局和空间上满足茶产业研发的需求。该区域建筑考虑新旧建筑的和谐共存，不采用现代化、大体量、连续界面的产业园模式。

浙江省生态环境建设和生态人居建设既具有理论意义又具有实践意义。理论上是对马克思恩格斯人与自然关系思想的继承和发展，是对我国马克思主义者生态文明思想的理论升华；实践中，加快生态环境建设和生态人居建设是缓解我国经济发展与生态环境矛盾的必然选择，是我国实现美丽中国建设的现实需要。

经　验　篇

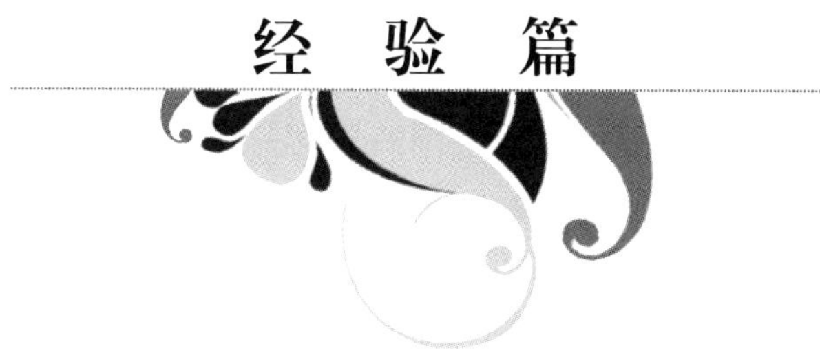

第五章　生态文明建设的“浙江经验”

中国的改革开放给浙江带来了难得的发展机遇，经过近 40 年的发展，浙江“在全国经济社会发展等方面均取得了‘走在前列’的骄人成就，创造了从贫穷落后到富裕和谐的‘浙江奇迹’”[①]。然而，随着浙江经济的快速发展，生态环境的污染、恶化等问题日趋严重，资源环境与经济社会发展的矛盾日益突出。因此，加强生态环保，走生态文明建设之路，成为摆在浙江省各级领导干部面前的一个重大而现实的课题。浙江省的领导干部经过深思熟虑、痛定思痛，率先从阵痛中觉醒过来，理性地选择了要用绿色生态发展理念主导浙江经济社会的发展变革和未来走向。21 世纪以来，历届浙江省委、省政府都高度重视生态文明建设，始终坚持从完善浙江省现代化建设总体布局的战略高度去筹谋、规划和部署生态文明建设。“在推进绿色浙江建设、生态省建设、生态浙江建设的各个时期均在生态文明制度建设尤其是生态经济制度建设方面作出了积极探索，取得了显著成效，形成了‘浙江样本’。”[②] 本章对浙江生态文明建设的经验进行总结，以期对中华民族的伟大复兴以及中国乃至世界的生态文明建设提供一定的借鉴意义。

第一节　多元主体共治：政府、企业、社会共治的协同治理

多元主体共治也称社会共治，它不仅是生态环境治理领域的新趋

① 刘迎秋：《浙江经验与中国发展》，社会科学文献出版社 2007 年版，第 2 页。

② 沈满洪：《生态文明制度建设的“浙江样本”》，《浙江日报》2013 年 7 月 19 日第 14 版。

势，也是整个社会治理模式变革的新方向。2014 年 3 月正式发布的《政府工作报告》就提出，要求“推进社会治理创新，注重运用法治方式，实行多元主体共同治理”。社会共治的模式反映了治理理论的最新发展方向。所谓多元主体共治，是指不同的群体在平等基础上的合作，包括各种形式的联合化、网络化，以及公私伙伴关系和公私合营机构。社会共治并不等于简单地把各类相关机构和组织聚合在一起，更重要的是能够形成各主体之间持续互动的机制，从而达到预期的治理效果。浙江省从 2013 年年底开始的“五水共治”战略项目，就是多元主体共治的一个典型案例。“五水共治”是浙江省委第十三届四次全会作出的决策，具体内容包括“治污水、防洪水、排涝水、保供水、抓节水”。它不仅是政府部门和企事业单位的职责，同时也是一次全民参与的治水工程。在“五水共治”的过程中，政府是主导，企业和公众都是主体，充分体现了多元共治理念在水环境治理领域中的运用。其中，“绿色浙江”是“五水共治”中一个非常重要的社会组织，它不仅参与了“五水共治”中的很多项目，而且还充当了一些治水项目的发起者和主导方。“绿色浙江”是一家以宣传环保理念、倡导环保行动为己任的民间环保组织，其开展的活动主要有“钱塘江水地图”“寻找可游泳的河”“邀请环保局长横渡钱塘江”“五水共治圆桌会”等。无论是在环境保护领域，还是在其他社会管理领域，现有的社会共治的案例大多数都是政府处于核心位置，其他组织和机构扮演从属角色。像“绿色浙江”这样以一个民间组织的身份主导环保领域的社会共治的案例非常少见，因此，其运作和管理的经验具有重要的借鉴意义。①

采取政府—市场（企业）—社会公众等多元主体协同治理，构建生态文明建设的主体多元化供给体系和共建共享的实践特质，是浙江省生态文明建设的一条基本经验。生态文明建设要始终围绕为了人、通过人的主体性立场，强调生态环境保护中的“人的尺度”和人类责任。进而言之，从环境管理向环境治理转型，强调的不仅仅是政府的权力和权威，而是通过

---

① 刘国翰、郅玉玲：《生态文明建设中的社会共治：结构、机制与实现路径——以“绿色浙江”为例》，《中国环境管理》2014 年第 4 期。

政府设计适当的机制，依靠各种利益相关者的参与、协商和共同行动，在政府部门和私人部门之间建立良好的伙伴关系，构建新型的环境治理体系。这种多元主体共同参与治理的视角，可视为多元社会主体在社会权力的基础上共同治理公共事务，通过协商民主等手段发起集体行动以实现共同利益的过程。

一　政府主导

政府是生态文明建设的主持者、引导者，构建生态型政府，必须加强政府的主体引导作用。这是因为，政府是公共生态产品的主要供给力量，是拥有最优社会资源的公共权力组织。同时，政府部门对生态公共产品的保障与维护、动员全社会力量建立生态合作机制，负有不可推卸的责任。

建设生态文明首先需要确立科学的价值观、财富观、消费观，这些观念的确立首先需要对生态观念的承认，但是当政府作为主导者角色时，社会对政府的主导意识形态只能达到认同的程度，认同能导致行为的规范化，却无法实现观念的转变。因此，政府势必需要改变主导权力的意识，从掌舵人向引路人角色转变，包括建立实施限制和规范经济活动和社会活动参与者行为的政策制度；通过制定激励性的政策措施和手段来引导经济活动和社会活动向着生态文明的目标发展。同时，政府也是生态文明建设的协调者。生态文明建设要求人与自然的关系性和谐，也要求人与人、组织与组织间的社会性和谐。在这些方面，政府的主导性地位都是不可或缺的。

建设生态文明是关系人民福祉、关乎民族未来的长远大计，因而在生态文明建设中，政府负有义不容辞的责任。改革开放以来，地方政府的权力范围大大拓宽，即不仅仅是中央政府的代理，而且也是经济主体和地方利益的倡导者、执行者和受益者。地方政府作为生态文明战略的实施者和执行者，可以因地制宜地执行中央政策，制定符合当地特点的更为具体的生态文明规划和实施办法。

早在2002年浙江省第十一次党代会上，就提出了建设“绿色浙江”的目标任务。2003年，成立了“浙江生态省建设工作领导小组”，时任浙江省委书记的习近平亲自任组长，各市县区也层层建立领导小组，解决传统政府体制下“条块分割”“九龙治水”的问题和弊端。党的十六大以后，浙江省委进一步明确要以建设“绿色浙江”为目标，以生态省建设为载体和突破口，走生产发展、生活富裕、生态良好的文明发展道路，先后制定了《浙江省可持续发展纲要》《浙江省生态环境建设规划》《浙江生态省建设规划纲要》《中共浙江省委关于推进生态文明建设的决定》等纲领性文件。[①] 在2009年后，浙江省环境主管部门由环保局升格为环保厅，提升并扩充了行政级别和职责权限，增加了环境监察、规划、标准等重大问题的统筹协调职责，加强了对环境治理和生态保护的指导、协调、监督职责。针对人民群众日益增长的生态环境服务需求和落后的公共环境服务生产及供给能力之间的矛盾，政府部门建构了以均等化为目标的公共环境服务供给模式；针对环境服务等公共物品出现的“市场失灵”现象，政府还在环境基础设施建设、环境资源合理配置、环境质量安全保证、生态公平规则维护等方面，都很好地履行了职责。

二　市场驱动

环境治理仅靠政府作为主体是远远不够的，在环境治理问题上，政府失灵的现象也是经常出现的。因此要积极创新，发挥市场的基础调节乃至决定性作用。市场经济之所以能够对环境资源配置起着基础性乃至决定性的作用，是因为公共环境服务是纯公共性和准公共性的统一，具有公共物品和私人物品的混合性质，这就决定了企业、私人参与市场化的可能性，尤其要确立和发挥企业的生态责任与治理主体地位。政府可将部分生态公共服务项目通过多种方式进行民营化市场化改革，对那些可以明确界定产权，有足够大的市场和营利空间的公共环境服务项目，完全可以通过市场化手段吸引私人投资作为服务提供主体，如供水、医疗保健、垃圾处理等。这样既可以解决财政用于公共服务的不足，也可以提高公共服务的效率。浙江省在市场机制方面的创新，主要措施有：推动林权改革，盘活林权资产；以市场机制为基础，推动排污权的有偿使用和交易；打破行政垄

① 王峰：《整体性治理与生态型城市建设——以浙江省湖州市为例》，《浙江省委党校学报》2013年第6期。

断水权分配的传统，建立了水权交易机制等。

在这里，我们将以生态补偿为例，做进一步阐述。所谓“生态补偿”，是以保护和可持续利用生态系统服务为目的，以经济手段为主调节相关者利益关系的制度安排。更详细地说，生态补偿机制是以保护生态环境、促进人与自然和谐发展为目的，根据生态系统服务价值、生态保护成本、发展机会成本，运用政府和市场手段，调节生态保护利益相关者之间利益关系的公共制度。浙江省是国内第一个在省域范围内由政府提出完善生态补偿机制意见的省份，2005 年出台《关于进一步完善生态补偿机制的若干意见》，2006 年出台《钱塘江源头地区生态环境保护省级财政专项补助暂行办法》，2008 年出台《浙江省生态环保财力转移支付试行办法》，全面实施生态补偿制度，八大水系源头地区 45 个市、县（市）每年将获得不同额度的省级生态环保财力转移支付资金。探索运用价格机制促进环境保护的有效途径，杭州、湖州、嘉兴、绍兴市以及黄岩、玉环、桐乡、诸暨、兰溪等县（市、区）积极探索排污权交易试点，建立排污总量控制制度。这些改革探索，进一步完善了“污染付费、受益补偿”的资源利用机制，在运用经济手段促进环境保护和区域协调发展方面迈出先行一步。

（一）基层自发探索与实践

自浙江开展生态省建设工作以来，各地对生态补偿做了大量探索。杭州、温州、湖州、建德、德清等地已经制定出台相关的政策意见。2003 年 12 月，台州市政府办公室下发了《关于印发长潭水库饮用水源水质保护专项资金管理办法的通知》，设立长潭水库饮用水源保护专项资金 600 万元/年。2004 年 1 月，绍兴市政府办公室下发了《关于印发绍兴市汤浦水库水源环境保护专项资金管理暂行办法的通知》，每年按汤浦水库供水量每吨 0.015 元计算，由水务集团负责每年的 12 月底前一次性将资金划入专项资金账户，设立汤浦水库水源环境保护专项资金。金华市金东区傅村镇政府与源东乡政府，从 2004 年开始以协议形式，傅村镇交上游源东乡 5 万元，作为对源东乡保护和治理生态环境以及因此而造成的公共财政收入减少的补偿。江山、龙游等县（市、区）也对水源地区和库区乡镇以生态补偿的名义进行了财政补助。同时，各地还积极地探索异地开发、水资源使用权交易、排污权交易等多形式的生态补偿方式。不少县（市）制定了水系上游乡镇在下游开发区或工业园区投资办厂，税收给予返还的政策。[①]

1. 下发《关于进一步完善生态补偿机制的若干意见》

建立健全生态补偿机制作为生态省建设工作中的一项重要政策措施，在省政府的直接部署下有序地进行。先后组织召开了专家、部分市县政府负责人和省级有关部门参加的座谈会，重点针对人大、政协和各地政府反映比较集中的几种补偿形式，以及浙江省建立生态补偿机制工作探索和实践情况进行了分析和研究，进一步加深了对生态补偿机制概念和内涵的认识，并形成了调研报告。省生态办牵头，在深入开展调查研究、借鉴国内外的实践经验、充分听取基层政府和专家学者意见的基础上，形成了《浙江省人民政府关于进一步建立健全生态补偿的意见》代拟稿。2005 年 8 月 26 日，省政府下发了《关于进一步完善生态补偿机制的若干意见》。

2. 出台《钱塘江源头地区生态环境保护省级财政专项补助暂行办法》

浙江省政府办公厅召集财政、环保、经贸、水利、林业、农业、建设等部门，研究了相关政策办法，提拟集中一部分资金先在钱塘江流域源头，科学、合理地确定范围，对源头地区实施生态保护专项补助，试点先行，逐步推进，为进一步深入实施生态补偿积累经验。为贯彻落实科学发展观，推进生态省建设，进一步深入实施《关于进一步完善生态补偿机制的若干意见》的要求，省政府在钱塘江源头地区首先尝试实施环境保护省级财政专项补助。2006 年 4 月 28 日，省政府办公厅印发了《钱塘江源头地区生态环境保护省级财政专项补助暂行办法》，将按照“谁保护，谁受益”“责权利统一”“突出重点，规范管理”和“试点先行，逐步推进”的原则，对钱塘江源头地区生态环境保护加大财政转移支付。它明确在原有的相关省级财政专项资金政策的基础上，省政府每年再拿出一部分资金，实行生态环境保护专项补助，专项补助资金主要用于钱塘江源头地区内的生态建设、产业结构调整、环境保护基础设施建设、农业农村污染防治。省级财政专项资金的补助对象，初步确定为钱塘江流域干流和流域面积 100 平方公里以上的一级支流源头所在的经济欠发达县（市、区）。

---

① 陈锦其：《浙江生态补偿机制的实践意义和完善策略研究》，《中共杭州市委党校学报》2010 年第 6 期。

3. 出台《浙江省生态环保财力转移支付试行办法》

省财政厅、环保厅等部门联合组织研究并对省内生态良好的区域实施补偿，从2002年开始，每年以专项的名义支付的补偿金由5亿元增加到2007年的29.5亿元。经过几年的探索，补偿方法和标准不断完善，2008年制定出台了《浙江省生态环保财力转移支付试行办法》，全面实施对八大流域源头所在市、县（市）的生态环保财力转移支付。具体做法是：（1）省财政转移支付对象。重点是省境内八大水系干流和流域面积100平方公里以上的一级支流源头和流域面积较大的市、县（市），并以省对市县财政结算单位为计算、考核和分配转移支付资金的对象，补偿资金由市县政府统筹安排使用。（2）财力转移支付分配办法。以省级以上生态公益林面积（权重占30%）、大中型水库面积（权重占20%）作为生态功能保护类指标，以主要流域水环境质量（权重占30%）、大气环境质量（权重占20%）作为环境质量改善类指标进行考核，结果优于设定警戒指标的给予奖励，反之则予以扣罚。财力转移支付资金的兑现还要结合各市县的财力状况实行分档兑现补助额，资金总量一年一定，列入当年省级财政预算。

（二）建立生态补偿机制

逐步建立健全生态补偿立法、管理和监管体制。不管是采取公共支付方式，还是基于市场的生态环境购买，生态补偿目标的实现，不是制定单一政策就可以达到的，必须要有相关法律法规保障和配套政策支持。从目前来看，应加强部门内部和行政地域内的生态补偿工作，整合有关生态补偿的内容；对于跨部门和跨行政地区的生态补偿工作，上级部门应给予协调和指导。政府出于生态保护意愿而进行的补偿合作或推行补偿政策，还需要对政策的执行情况进行监管。只有严格地对生态指标进行监测并科学地加以认定，才能够形成一个较规范的生态服务交易市场或实现有效的生态补偿。因此，生态补偿的实践需要构建一套十分严谨甚至可以说是苛刻的监测标准，尤其是可以用来交易的生态补偿额度，更是需要严格认定才能够得到交易许可，就是为了保证生态补偿的质量和生态保护的有效性。①

---

① 王青云：《关于我国建立生态补偿机制的思考》，《宏观经济研究》2008年第7期。

加大生态补偿的财政转移支付力度，进行多渠道融资。首先，加强各级政府对生态补偿的支持与合作。地方政府除了负责辖区内生态补偿机制的建立之外，在一些主要依靠财政支持的生态补偿中，应根据自身财力情况给予支持和合作，以发挥各级财政的综合作用。其次，完善生态补偿的财政政策体系，积极探索并建立多渠道的融资机制。政府手段仍是目前生态补偿的主要措施，同时应积极探索使用市场手段补偿生态效益的可能途径。例如浙江长兴县，广泛吸纳社会和民间资金，积极探索多层次、多渠道、多元化的投资融资机制，大力推进市场化运作，按照“谁投资、谁建设、谁管理、谁经营”的原则，放开建设权，搞活经营权，鼓励和吸引民营资本进入公用事业领域。

加强宣传，增强对生态补偿的认知与参与。生态补偿必须得到全社会的关心和支持，加强生态补偿的科普教育和大众宣传，增强群众的生态补偿意识。明确生态补偿的政策，使公众积极主动参与到生态补偿中去。利益相关者是生态补偿机制落实的最终对象，其知识、认知和意愿直接影响生态补偿的效果。在制定生态补偿机制和规划时要充分鼓励利益相关者参与，采取“边学边做”的方法，通过项目化实施提高其能力。尤其是在人、财两缺的欠发达地区，应当通过相关各级公共投资项目，加强政府部门和社区组织的能力建设，包括决策者、规划者、管理人员、企业管理者等。

加强生态补偿科学研究与试点工作。生态补偿是一个新的课题，生态补偿机制的建立是一项复杂而长期的系统工程，涉及生态保护和建设资金筹措和使用等各个方面。加上浙江省区域经济发展不平衡，经济发展和生态保护之间的矛盾仍很突出，生态补偿机制建立尚处于探索阶段，许多问题还有待于深入研究。在开展理论研究的同时，还应积极做好生态补偿的试点工作。选择具有一定基础的地区和类型进行试点示范，在加强理论研究和不断总结经验的基础上，积极推进生态补偿机制的建立和相关政策措施的完善。

三 公众参与

在现代社会中，无论是全能政府还是有限政府，在环境保护方面都普遍存在能力不足或是缺位的问题；而受到个体利益驱动等因素影响，市场或企业更是难以独自肩负环境保护的责任，因此政府与市场（企业）都存在失灵的问题。随着环境保护体制和社会治理体制的变革，传统的环境监管模式正在被改变，从政府主导的环境监管，走向动员社会和公众参与，迎来了环境治理体制重构的契机。因此，必须多方配合，积极发挥社会和公众力量的协同作用。

社会力量包括社会组织的力量和社会公众的参与力量。其中，社会组织是社会力量参与环保活动的重要途径，也是连接公众和政府的重要组织载体，致力于环境建设的社会团体，能够代替政府承担部分公共环境服务的供给职责。浙江省政府积极推进社团自主性、自治化、组织化的发展，建立政府与社团组织之间的平等合作关系；鼓励和发展民间横向的环境NGO组织，实现从监控向培育发展的政策方向转变，并给予相关政策上的支持；促进民间环保组织间的交流与合作。除了社会组织外，浙江省在生态资源配置和利益协调方面，还突出了公众参与的力量。通过一系列制度建设和创新，完善公众参与环境保护的机制。例如，《浙江省建设项目环境管理办法》中规定，在建设项目做环评时，需要请社会团体、研究机构、环境敏感区的单位和个人，参加座谈会、论证会、听证会，保障公共参与权。同时，健全公众参与环境保护的平台。为了加强公众的环保监督，浙江省环保厅设立环保举报热线和网络举报平台。各市地县也积极探索公众参与环保的模式，如环保联合会、市民环保检查团、专家服务团、生态文明宣讲团、民间环境监督员等多种公共参与模式。通过发挥社会组织的协同作用和公众参与，进一步强化了生态文明发展成果的共建共享，提高了全社会民众的环保参与和主体意识，以及保护生态、合作治理的巨大合力。

“绿色浙江”可以说是环境保护过程中公众参与的一个典范。“绿色浙江”的历史可以追溯到2000年6月的全国百优志愿服务集体“绿色浙江”团队，该团队曾于2002年4月注册成为浙江省青年志愿者协会绿色环保志愿者分会。直到2010年1月，“绿色浙江”的第一个正式组织“杭州市生态文化协会”注册成功，由杭州市环境保护局作为主管单位，活动范围限于杭州市。2013年，杭州市生态文化协会、中国杭州低碳科技馆、浙江阳光时代律师事务所三家单位和阮俊华、戚志坚、忻皓等联合发起成立了浙江省绿色科技文化促进会，简称“绿色浙江”。[①]

（一）“两个系列、三层群体”

科学合理的组织结构是社会组织得以发展壮大的根本。“绿色浙江”的组织结构可以概括为“两个系列，三层群体”。“两个系列”是指杭州市生态文化协会和浙江省绿色科技文化促进会这两个正式组织；“三层群体”是指高效的运营群体、忠诚的会员群体、广泛的联盟群体。杭州市生态文化协会和浙江省绿色科技文化促进会是“绿色浙江”的法人组织形态，两者在人员、资金、项目上都有较大的重合之处，但也有各自的侧重点。杭州市生态文化协会侧重于开展本地的、社区的、文化类的项目，浙江省绿色科技文化促进会则侧重于浙江省范围的、环境治理类的项目。

杭州市生态文化协会和浙江省绿色科技文化促进会都属于会员制社会团体，包括单位会员和个人会员。单位会员是协会环保活动的主要依托点，也是会费收入的重要来源。个人会员是本地积极参与环保活动的人士。协会在会员之间倡导“责任、务实、感恩、坚持”的价值观，还为两位已故的“终身贡献奖”会员汪耀祥、詹良善创立了耀善堂，以纪念他们在杭州市民间环境保护中的先驱作用。

“绿色浙江”的第二层群体是运作团队，也就是秘书处，包括公众环境监督中心、环境文化传播中心、社区项目部、社会企业项目部、会员人事委员会、计划财务部、办公室七个部门。为了鼓励运作团队的积极性，协会创造性地引入了公益合伙人制度。“绿色浙江”的公益合伙人针对的就是其核心运作团队的人员，包括专职人员和兼职人员。只有在“绿色浙江”全职工作三年以上的专职人员，或者担任“绿色浙江”机构理事五年以上，或者作为“绿色浙江”机构会员十年以上的人员，经过三分之二以上成员同意之后才能成为“绿色浙江”公益合伙人。

“绿色浙江”的第三层群体就是它的联盟成员。和其他类型的社会治理主体相比较，社会组织的优势在于能够建立广泛的社会联系，通过会员

---

① 刘国翰、郅玉玲：《生态文明建设中的社会共治：结构、机制与实现路径——以“绿色浙江”为例》，《中国环境管理》2014 年第 4 期。

和志愿者的形式与每一个社会成员进行交流互动。“绿色浙江”建立了三个联盟性质的团体。第一个是“绿色浙江”绿足迹企业同盟，该联盟以“低碳自律、低碳互惠、低碳宣传”为宗旨，聚集了一批具有环保理念和社会责任感的本地企业。第二个是“绿色浙江”大学生联盟，该联盟共吸引了70家高校社团加入，为青年大学生参与环保事业提供了一个开放的交流和学习平台。第三个是“绿色浙江”根与芽项目组，是一个面向浙江中小学提供环境保护宣传和交流的机构。根与芽是一个国际性的环保项目，主要引导青少年参与各种形式的关心环境、关爱动物和关怀社区的项目。

（二）“合而不从”“合而不谋”“合而不同”

在生态文明建设中，社会组织必须和政府进行合作，因为政府掌握着大量的社会资源，更重要的是，政府能够把社会组织的活动进行大范围推广，起到良好的社会效果。但是社会组织在和政府的合作中要保持自身的独立性，避免成为政府的从属机构。

“绿色浙江”在这个方面的经验可以概括为“合而不从”。要做到合而不从，必须巧妙地选择和政府中的哪些部门进行合作。首先，可以选择和比较基层的政府机构进行合作，例如街道办事处或者社区，这个层次的政府部门没有动机去领导一个在全市范围或者全省范围内开展活动的社会组织。其次，可以选择和主管单位之外的政府部门进行合作。社会组织的业务主管部门因为富有直接的监管责任，常常以一种领导者的姿态出现，反而不利于双方的深入合作。最后，可以选择和具体的业务部门进行合作，合作双方只在业务上来往，而不论及各自的地位和关系问题。

“绿色浙江”在这方面的经验还可以概括为“合而不谋”。“绿色浙江”的主要合作企业都来自于其会员和“绿色浙江”绿足迹企业同盟。这些企业有较强的经济实力，但都不是特大型企业。“绿色浙江”的合作企业大多是专业性企业，很少有综合性企业。另外，合作企业因为有会员或者同盟的关系，对“绿色浙江”的宗旨和使命也比较认同，会员之间的名誉和相互监督作用使得合作企业能够较好地约束自己的行为。

“绿色浙江”在这方面的经验也可以概括为“和而不同”。要做到和而不同，应该多选择异质性的社会组织进行合作，相互取长补短，还可以和异地社会组织进行合作，互通有无。

（三）合理的治理机制

治理机制是社会组织参与社会共治项目所运用的具体方法。从“绿色浙江”的项目来看，主要包括公众参与机制、圆桌协商机制、舆论倒逼机制和服务外包机制。

1. 公众参与机制

公众参与机制是指在生态环境建设过程中吸纳公众参与其中，提高公众的环境保护意识，利用公众的资源和力量，尊重公众意见的合法性，达到最佳的生态建设效果。“绿色浙江”在其很多项目中都运用了公众参与机制，其中比较典型的有“钱塘江水地图公众互动型网络平台”“同一条钱塘江”系列宣传活动等。“钱塘江水地图公众互动型网络平台”是一个基于自发地理信息的关于钱塘江水环境收集的可视化、互动绘图的网络平台。该项目通过聘请具有专业素质的护水者和数据审核员，对钱塘江全流域的水保护区的水质进行不间断监控。“同一条钱塘江”是“绿色浙江”和钱塘江管理局共同发起，联合浙江省和杭州市的环保、文化、教育、广电、共青团等单位开展的系列环保宣传教育活动。该活动主要从中小学生、市民、残疾人等群体中征集以保护钱塘江为主体的绘画作品，统一制成画卷。

2. 圆桌协商机制

圆桌协商机制是围绕具体的环境问题或者环境冲突，邀请利益相关方的代表举行圆桌会议，让他们各抒己见，在协商中达成共识，形成理性的解决方案。“绿色浙江”联合浙江卫视的“范大姐帮忙”栏目，已经就杭州市的被塘河、瑞安市的温瑞塘河、奉化市的方门江、温岭市的山下金河等浙江省内的多条河流举行了圆桌会议。在每次圆桌会议上，都会针对性地邀请当地政府的环保、农林单位的负责人，治水专家、法律顾问、居民代表、企业代表等，就河流的污染原因、整治方案、整治效果等问题进行讨论。

3. 舆论倒逼机制

环境保护不仅仅有和谐、建设性的一面，有时还会遇到激烈的冲突，尤其是针对具体的政府部门和污染企业的冲突时有发生。在这种情况下，民间环保组织可以发挥自己在舆论方面的优势，利用电视、互联网、微博、微信等媒体形成舆论压力，让环境冲突朝建设性的方向转变。“寻找可游泳的河”本来是温州商人金增敏因家乡河流污染严重，悬赏当地环保局长下河游泳而引起的对地方政府环保部门的一股问责浪潮。“绿色浙江”联合浙江卫视共同策划推出大型新闻行动“寻找可游泳的河”，总共进行了136期报道，把这股浪潮转变为持续的、理性的活动。

4. 服务外包机制

政府把适合由社会组织承担的任务交给社会组织，并提供相应的资金支持的方式称为服务外包。在服务外包中，社会组织是服务的具体提供方，而政府仍然是服务的最终责任方。“绿色浙江”积极参与各级政府部门的服务外包，在这方面获得了大量的支持。在地方层面，“绿色浙江”连续三年获得了浙江省钱塘江管理局的服务外包项目，从事“同一条钱塘江”的系列宣传教育活动；在中央层面，“绿色浙江”的社区废旧衣物回收再利用试点项目获得了中央财政支持的社会组织参与社会服务项目的立项。

综上，“绿色浙江”有其独特之处，它的组织结构很特别，能够很恰当地处理和政府、企业之间的关系，又能够巧妙运用公众参与、圆桌协商等机制，还发展了自己的核心技术，充分发挥了民间组织的优势。可以说，“绿色浙江”的出现是生态文明建设要求实现社会共治的趋势使然。它表明，生态文明多元建设主体是不同生态资源的所有者或力量代表，相互之间形成职责不同而又不能相互取代的作用和功能。

第二节　多重领域共赢：环境、经济与社会的协调发展

浙江省地处中国东南沿海长江三角洲南翼，沐浴着中国改革开放的春风，取得了巨大的经济成就。与此同时，中国特色社会主义现代化进入新时代，我们社会的主要矛盾已经转化为人民日益增长的美好生活需要和不平衡不充分的发展之间的矛盾。显然，作为人民群众美好生活需要的重要组成部分，正是对优美生态环境，对美丽中国、美丽家园的需要甚至渴

望。这一切为浙江的生态文明建设奠定了坚实的经济社会和民意民生基础。然而，浙江省素有“七山一水两分田”之说，这无疑表明浙江省在生态环境承载能力上比较弱，无法承续高投入、高消耗、高污染的传统发展模式。事实上，我们应清楚地看到，自从20世纪80年代以来，伴随着浙江省经济的迅猛发展，再加上生态环境承受力有限，生态环境遭到严重的破坏与恶化，造成生态环境与经济社会发展之间的矛盾和问题日益增多，严重地制约了经济社会的可持续发展。因此，实现环境与经济社会的协调发展对于我们缓解生态危机、建设生态文明、实现人与自然的和谐共生与可持续发展，都有着重大而深远的意义。由于浙江省处于改革开放的前沿地带，具有很强的代表性与示范性，它在环境、经济与社会协调发展方面的经验，对中国当前乃至未来的发展具有重要的启示和借鉴意义。

一　环境与经济相协调

必须承认，环境问题首先是由经济建设过程中带来的，因为通过经济建设而创造物质财富的过程，必然会打破原有的生态平衡，开掘自然资源。环境问题意味着生态环境与经济发展之间的矛盾。浙江省快速的经济增长，以及工业化和城市化给本省的生态环境带来了巨大的压力。面对21世纪新的历史条件与发展机遇下，生态文明建设对经济社会发展的影响已上升到新的历史高度，因此，历届的浙江省委、省政府都高度重视生态文明建设对经济社会发展的重要作用，大力加强浙江省生态文明建设的力度，并将生态文明建设融入政治、经济、社会、文化建设当中，融入经济社会发展的各个环节，以适应社会发展需要，促进经济可持续发展。

（一）确立科学发展观，走可持续发展的道路

既然环境问题是经济建设中带来的，要解决该问题，就必须调整或改变经济发展方式，确立科学合理的发展观，走可持续发展之路。改革开放以来，连续40年的高速增长，使浙江省面临着空前的资源与环境压力，遭遇着“成长中的烦恼”。在此背景下，人们深刻地认识到，要想解决资源与生态环境之间的矛盾，必须实现发展观念的转变，走可持续发展的道路。例如，作为浙江省科学发展观的典型，安吉县坚持把经济的“更新升级”作为核心要素，全力构筑可持续发展的战略格局。其采取的举措有：

“一是推动工业经济转型发展。全面实施‘工业经济转型升级三年行动计划’，出台‘工业经济转型升级 30 条’，引导企业树立牢固的生态经营与绿色产出的发展理念，着力推进新医药、新材料、新电子和新型环保等新兴产业培育，促进产业转型升级。二是实现循环经济加快发展。积极探索生态型循环经济发展道路，加快竹产业循环经济建设，将竹屑等废材料加工为竹屑板、重组竹胶合板等新环保装饰品，形成比较好的竹材加工循环产业链。三是加快了休闲经济提升发展。围绕打造休闲经济先行区建设目标，充分发挥安吉在区位、产业、资源、生态等方面的优势，突出放大‘中国美丽乡村’‘中国竹乡、生态安吉’‘中国大竹海’‘黄浦江源’等建设品牌效应，强化经营村庄、经营基地、构建大景区的理念，着力加快推进生态休闲产业发展。”①

（二）大力发展循环经济，全面加强资源节约和环境保护

循环经济是环境与经济相协调的重要载体。它以资源的高效与循环利用为核心，以减量化、再利用、资源化为原则，以低投入、低消耗、低排放、高效益为基本特征，是符合可持续发展理念的经济发展模式，也是属于资源节约型和环境友好型的经济形态。浙江省是生态资源的小省、经济体量的大省，发展循环经济已经成为克服生态环境资源制约的必然选择。因此，浙江省“制定并实施《浙江省循环经济发展纲要》《浙江省建设节约型社会重点工作实施意见》《关于进一步推进工业循环经济发展的意见》及节能节水电等政策意见；积极推进国家级循环经济试点建设，推进浙江省循环经济试点省的建设，编制了《浙江省循环经济试点实施方案》；积极实施循环经济‘991 行动计划’和工业循环经济‘4121’工程和‘733’工程，每年滚动实施百余项循环经济重点项目，年度投资 80 亿元左右；推动各地开展工业园区生态化建设和改造，全省累计已有 70% 左右的省级开发区实施生态化改造。‘十一五’以来，全省累计实施 760 个循环经济项目，累计有 4418 家的企业通过清洁生产审核，累计发展 477 家

① 《浙江环境保护丛书》编委会：《浙江生态环境保护》，中国环境出版社 2012 年版，第 335 页。

工业绿色企业”①。

（三）把提高经济质量和生态环境质量建立在依靠科技进步的基础之上

高新技术具有高效益、高渗透、高水平、高附加值的根本特点，有能力以资源的最小消耗和对生态环境的最小污染，来换取价值最大的经济效益和生态环境效益。因此，能够最大限度地把科学技术转化为直接的生产力，是实现经济、社会、生态环境协调发展的根本动力所在。21 世纪以来，浙江省敏锐而迅速地抓住了信息化带动工业化的历史机遇，大力开展战略性的调整工业结构，推进和发展高附加值的制造业，积极布局和培育高新技术产业，严格限制高耗能、高污染、高耗材、高耗水产业的发展。在产业布局方面，把高能耗的重型化工业限定在宁波等少数港口的工业区进行集中布局，其他地区也严格控制高能耗、高污染工业的投资规模。对于那些高能耗低效率模式的企业要加快进行产品的升级换代，加大企业生产工艺的改造，努力提高经济效益；在大力发展高新技术等节能型产业的过程中，要持续合理地调整工业产业结构，加大重工业节能与重污染产业的结构调整与污染整治的力度，同时加强推进节能新型建筑材料的开发力度。

二　环境与社会相协调

改革开放 40 年以来，伴随着浙江省人民群众生活水平的不断提高，人们对生活环境质量的要求日益提高，环保与权益意识日益觉醒、不断增强，这在主观上当然是好事，但在客观上也造成了环境群体性事件的迅速增长，并发展成为危及社会稳定与经济发展的社会问题。诸如由水污染、空气污染、噪声污染等环境污染引起的群众信访正在逐年增加，由此导致的环境群体性事件也越来越多。其中，典型的例子有东阳画水事件、北仑华光事件、新昌京新事件、长兴天能事件。可以这么说，21 世纪以来，虽然浙江省的生态环保工作取得了历史性的成就，但是生态环境保护与建设面临的任务依然十分艰巨，环境与社会之间的矛盾依然较为尖锐。“生态

① 《浙江环境保护丛书》编委会：《浙江生态环境保护》，中国环境出版社 2012 年版，第 8 页。

环境容量有限与社会经济发展之间的矛盾依然十分突出，生态环境质量的改善与百姓的期望依然存在着差距，城乡生态保护发展水平依然不平衡，生态保护工作机制和能力建设依然待加强。”①

出现以上的这些状况，无不昭示着我们必须深刻地反思，认真地从中汲取经验教训，从源头上去解决那些有可能影响经济发展、社会稳定以及引发群体性事件的环境污染问题。我们这样去做，化被动为主动，把坏事变为好事，是为了更好地治理环境污染问题和防范、化解各种环境污染纠纷，更好地美化我们生活的家园，更好地建设生态文明。

（一）加快产业转换步伐，增加社会就业机会，切实改善生态民生

随着市场经济的发展和企业改革的不断深化，不可避免地出现大批富余职工和失业人员，而要消化这么多劳动力，必须大力发展现代服务业。目前，浙江的服务业比重约40%以上，仍然具有很大的发展潜力。浙江省以此为发展契机，进行提纲挈领式的谋篇布局：以杭州、宁波、温州三大中心城市以及义乌等特色商贸城市为核心，重点发展商贸物流、旅游会展、中介服务、信息服务、文化传媒等现代服务业，积极扩大全省服务业的规模总量，优化当前的服务业结构，逐步构建适应经济社会发展要求的现代服务业体系。对整个产业和产业内部结构进行合理化布局，能够推动经济的发展走上高效益、低能耗、低污染良性循环的科学发展之路。并且，对产业结构的优化还能推动消费对经济的拉动作用，以改变当前的经济增长对投资过度依赖的状况，从而使得经济的发展更加协调与持续。

（二）以“环境友好”的社会治理方式来推进生态文明建设

社会管理的实践与创新，要以解决影响社会和谐稳定的突出问题为突破口和出发点。可以说，环境群体性事件是越来越影响社会安定团结的重要因素。因此，社会治理的创新应及时回应社会与环境的关系，及时关切和反映民众的生态要求，把环境价值和环境考量列入政策规划和法律制定当中，以实现社会与环境的协调发展。浙江省委省政府决定，“在全省开展治理环境污染、妥善处置相关群体性事件专项行动。这是省委、省政府

---

① 《浙江环境保护丛书》编委会：《浙江生态环境保护》，中国环境出版社2012年版，第15页。

就环保工作和社会稳定工作作出的重大部署”①。这次专项工作的主要任务是：“全面排查有可能引发环保纠纷的环境污染问题；抓紧治理排查出的环境污染问题；完善预案，依法果断处置因环境污染问题引发的群体性事件；进一步加强基层基础工作；进一步加强和改进宣传舆论工作。在年底前，省环境污染整治领导小组办公室将对各地专项工作的开展情况进行检查考核，检查考核情况纳入生态省建设和‘811’环境污染整治的年度考评。”②

（三）良好的社会环境孕育着经济社会的健康有序和可持续发展

利用社会建设的契机进一步推动民间环保组织力量的建设，让其在生态文明建设中发挥更重要的作用，也是生态文明建设的重要途径。这些年以来，浙江省的民间环保组织得到迅猛发展，而且非常活跃。比如，“浙江省温州苍南‘绿眼睛’环保团和浙江省第一家环保志愿者协会‘绿色浙江’两个民间环保社团组织获得了‘地球奖’，最为典型的是浙江温州苍南‘绿眼睛’环保社团，一批中学生本着对家乡、对大自然的热爱，组织了一系列环保活动，引起了社会的关注和重视，并直接触动了苍南县民众的环保认知和行动”③。

三　经济与社会相协调

众所周知，21 世纪是全球化经济加速推进的重大战略时期，在这期间，最主要的表现是全力实现国家经济社会的快速增长与发展，增强各自国家的综合实力。同时，在这个时期内，一定要注意经济与社会之间的和谐互动，协调发展。只有这样和谐互动、相互协调的发展方式，才能适应走向生态文明的内在要求，实现生态环境与经济社会发展的协调统一。然而，经济社会的发展和生态环境的治理与保护作为一对相当重要的矛盾，在工业文明发展的不同时期，二者之间的矛盾表现是各不相同的。在工业文明发展的初期，一般表现为经济社会发展对生态环境造成的干扰力度比

① 陈加元：《迈向生态文明》，浙江人民出版社 2013 年版，第 173—174 页。

② 同上书，第 174—177 页。

③ 《浙江环境保护丛书》编委会：《浙江生态环境保护》，中国环境出版社 2012 年版，第 325—326 页。

较强；当工业文明发展到中后期的时候，人们就开始能够意识到生态环境对人类生存和发展的重要性，并开始重新审视过去的发展方式及其对生态环境所造成的危害。因此，对经济与社会协调发展的问题进行探讨，以期实现生态环境与经济社会发展的协调发展。

（一）加大体制转移力度，坚持“三位一体”综合治理

浙江省相继出台了一批有关保护生态环境、加强生态建设的法律法规，这对全面改善生态环境状况、控制环境污染起到了积极的推动作用，也收到了较为明显的效果。与此同时，我们还要在执行现行法律法规的基础上，进一步完善地方性具体的法律法规和执行细则，以确保经济建设和环境建设协同发展。

总的来说，我们做的是：第一，构建“三个效益”相统一的项目审查、资金投放的管理机制。坚持建设项目的立项程序，把好项目的审核关。第二，推动“三协调”的内容纳入全民普及教育的目录，以提高全民整体协调发展意识。人与经济、社会、生态环境之间，人是协调的实践主体，这就需要具备高素质的专业人才，造就一批高质量的建设者队伍。第三，建构与“三个效益”相关的干部考核、提拔使用、奖励惩罚的机制。实现经济、社会、生态环境的协调发展，必须提高各级领导干部的经济、社会、生态环境整体协调发展的责任意识，这是提高整体协调发展水平的关键要素。并且，还要构建一个包括经济、社会、生态环境三方面内容的指标考核体系，严格推行领导干部目标责任制。这是为了对干部形成经济、法律和行政手段相结合，激励、约束、监督功能相制衡，经济、社会、生态环境效益相统一的干部管理机制。

（二）转变政府职能实现方式，提高治理服务能力

为了理顺政府生态职能和生态责任，一个重要的路径就是政府生态职能实现方式的根本转变。对于政府生态职能的实现，最关键的就是从单纯依赖行政方式向依靠法律、经济和行政相结合的综合方式转变。首先，政府自觉地规范自身的生态管理权，生态职能实现的主要目的是推动生态文明建设，实现人与自然的和谐和经济社会的可持续发展。其次，政府切实提高生态政策的制定和执行水平。最后，逐步形成生态职能实现形式的主动性、预见性。为实现浙江经济社会的可持续发展，缓解生态危机，浙江

省先后在2004年、2008年、2010年实施了三轮“811行动”，即“811”专项环境保护行动。这三轮“811行动”，是浙江在环境保护工作上的重大战略举措。这些举措被强有力地推动实施，使得浙江省的经济再上新台阶，社会更加文明和谐。

无数经验和教训都证明，在正确处理生态环境与社会经济发展的关系上，我们必须站在可持续发展的战略高度，从经济、社会、生态环境的整体性出发，做到经济效益、社会效益和环境效益即“三重效益”的辩证统一；建立既符合经济社会发展规律又符合自然生态发展规律的生产方式和生活方式，并采取有力对策和长效机制，从根本上调整好三者间的关系，真正实现环境、社会与经济三者的协同发展。

第三节　多项机制保障：教育、法治、政策、技术、体制协同运作

生态文明建设是一项庞大的系统工程，需要充分发挥各级各部门和全社会的力量，着力利用、调动和整合各方面的资源，做到合心、合力、合拍，分工协作，齐抓共管。因此，进行生态文明建设，就十分需要多项机制的保障：教育、法治、政策、技术、体制协同创新，这样才能真正地形成巨大合力，发挥积极作用，提高办事效率，作出卓越成绩。

一　教育先导

生态环境的问题归根到底是由于社会的生产理念、消费理念不同而共同导致的社会问题。“思想是行为的先导，不首先从意识形态、思维方式实行绿色变革，正式制度的作用就会大打折扣。”[①] 因此，生态文明建设，需要唤醒公众的生态意识，提升生态道德。

（一）加强生态文明宣传，依靠先进理念引领生态民生建设

将生态文明建设作为一项重要的基础民生工程来抓，依靠先进理念引

① 廖才茂：《“美丽中国”愿景与生态文明制度建设》，《中国井冈山干部学院学报》2013年第5期，第117页。

领生态民生建设，是浙江省践行生态民生观的一条重要经验。改善民生与生态文明建设两者共生互动，具有密切的关系：一方面，生态文明建设为解决民生问题、提升民生质量提供了前提条件和重要保障；另一方面，民生又是生态的价值所在，民生问题的解决又反作用于生态文明建设。对此，浙江省的探索有：（1）坚持和践履“人民对美好生活的向往，就是我们的奋斗目标”的宗旨。人民对美好生活的向往，在不同的社会发展阶段有不同的表现。解决温饱便是物质匮乏年代人民的最大向往；小康生活是人们温饱之后的最大向往；过上富裕生活则是小康目标后的最大向往。人们在追求物质富裕的同时，十分向往山清水秀、天蓝地净的优美环境。对此，浙江省委省政府作出的建设美丽浙江、创造美好生活（“两美”）的决定，完全体现了人民对美好生活的向往。（2）始终秉承“生态兴则文明兴，生态衰则文明衰”生态民生观。新时期浙江生态文明建设的战略定位，先后经历了“绿色浙江—生态省建设—生态浙江—美丽浙江”的心路历程，分别体现了不同时期浙江省生态文明的建设目标。但其主线或主旨则是一脉相承、一气呵成的，表现了省委省政府的“抓铁有痕”的钉钉子精神和“一张蓝图绘到底”的接力棒精神，以期实现经济社会的可持续发展和人民群众的幸福安康。（3）将“良好生态环境是最公平的公共产品，是最普惠的民生福祉”落到实处。把“绿水青山”作为最普惠的民生福祉，最公平的公共产品，既猛药去疴，又良药常补，不断改善生态环境质量，把浙江建设成为具有比较发达的生态经济、优美的生态环境、和谐的生态家园、繁荣的生态文化的民生幸福新家园。

（二）加强生态文明教育，树立生态文明理念

培育生态主体还有个重要的载体——教育，教育的过程就是人们不断积累和学习的过程。生态文明的理论应该纳入学校教育体系之中，并贯穿到每位学生每个阶段的学习当中，注重构建学校、家庭、社会相结合的教育体系，以增强青少年的生态文明意识；强化对村庄居民、社区居民等基层人民群众的生态文明教育，同时大力地宣传常见的生态环保知识，促使他们能够树立起正确的生活观与财富观；加强对各级领导干部的生态文明理论教育，促使他们能够树立起正确的政绩观，这样就会提高全民的生态文明素养，形成生态文明社会的新风尚。

举例来说，浙江省安吉县“坚持把弘扬生态文化作为导向元素，加速提升全社会生态文明程度。一是培育生态文明理念。坚持按经济发展规律和自然生态规律办事，引导广大群众树立崇尚自然、保护生态的情操，形成尊重自然规律的生态道德意识。结合‘十万农民素质培训’和‘现代市民教育’工程，编写生态文明教材，在乡村中小学开设生态文明课程；着手建立生态文明网站，普及生态科学知识和生态教育，培育和引导生态导向的生产方式和绿色消费行为，形成提倡节约和保护环境的生态价值理念。加强生态文明价值观教育，组织260多名乡镇、机关干部参加生态文化专题培训。二是挖掘弘扬生态文化。实施‘书香飘竹乡’计划，坚持‘种文化’与‘送文化’相结合，建成一批‘农村书屋’‘企业书吧’‘书香校园’‘书画长廊’。‘6·5’世界环境日在全县开展低碳行活动，提升了广大干部群众的生态文明观念。三是全面展示生态文化硕果。在生态创建过程中，突出生态文化阵地建设，鼓励支持群众性乡村文化活动。编制安吉生态文明公众环保手册，发放《低碳生活、绿色时尚》《安吉县农村生活污水处理适用技术与实例》等系列手册万余份，使生态文明理念走进千家万户，走进百姓生活，成为自觉行动”①。

（三）重视生态实践教育，提高公众生态素质

观念要落实到实践才能最大地发挥它的指导价值，推进生态文明建设的重要内容之一是生态实践教育。建立完善的生态文明教育传播机制，提高公众的生态文明意识，不仅需要注重观念、知识的传播和普及，还需要将这些观念和知识落到实处，通过生态实践教育提升公众的生态实践能力和生态素质。

“2003年，为了积极响应省委、省政府提出的‘建设生态省、打造绿色浙江’的号召，团省委以保护母亲河行动号、保护母亲河生态监护站的创建活动为抓手，积极带领青少年投身生态省的建设。”② “在创建工作的带动下，浙江省的保护母亲河行动卓有成效，培育了大量青少年环保人才，建

① 《浙江环境保护丛书》编委会：《浙江生态环境保护》，中国环境出版社2012年版，第337页。

② 同上书，第315页。

设、完善了一批青少年环境教育阵地，探索了具有浙江特点的青少年环保活动模式，打造了一些青少年环保活动的品牌项目。”[①] 浙江团省委还“联合上海团市委、江苏团省委率先在太湖流域开展‘太湖流域青少年环保行动’。三地通过统一活动标志、口号和宗旨，广泛开展环保宣传教育活动，环保实践活动及组建绿色环保小分队等形式，对保护太湖流域行动统一进行品牌化管理和运作。同时不断推出‘浙江省青少年绿色营’‘浙江根与芽项目’等浙江省青少年环保活动的品牌项目，将生态体验融入到青少年各类实践活动中。”[②]

二　法治保障

为促进社会的可持续发展，加强生态文明建设已成为当务之急，而在生态文明建设的进程当中，就必须要用法律制度来保障。因此，必须重视法治，借助法治的力量更好地促进生态文明建设。浙江省委在 2015 年 6 月出台了《关于推进生态文明建设的决定》，提出“强化推进生态文明建设的法治保障，研究制定和完善环境保护、节约能源资源、促进生态经济发展等方面的法规规章，加强重点区域、重点领域生态环境保护专项立法”[③]。

强化法治，严格监管，是做好生态环保工作的根本手段。21 世纪以来，浙江省的环保立法工作进程加快，全省上下加强了环境执法，加强了对环境质量和污染源的监管。2002 年以来，浙江省人大常委会先后颁布了建设生态省的决定和大气污染防治、海洋环境保护、固体废物污染防治等地方性法规；省政府也先后出台了建设项目环境保护管理办法、排污费征收使用管理办法等政府规章。省人大常委会连续四年开展生态省建设和环保执法大检查。省政协也多次组织生态环保视察调研和民主监督。各级政府及有关部门深入开展整治违法排污企业保障群众健康专项行动，加强对

---

① 《浙江环境保护丛书》编委会：《浙江生态环境保护》，中国环境出版社 2012 年版，第 316—317 页。

② 同上书，第 317 页。

③ 《中共浙江省委关于推进生态文明建设的决定》，2015 年 6 月中国共产党浙江省第十三届委员会第七次全体会议通过。

重点污染源的监管，加大环保执法力度，查处了一大批环境违法案件。实践证明，只有严格监管、严格执法，环境污染才能得到根本治理。

（一）完善生态法律

法律制度是生态文明建设的根本保障，生态立法是生态执法的前提和依据。“2003 年以来，浙江省人大常委会和省政府制定和修订了《浙江省大气污染防治条例》《浙江省森林管理条例》《浙江省海洋环境保护条例》《浙江省自然保护区管理办法》《浙江省水污染防治条例》等 40 多部地方性法规、规章，初步形成了与国家生态法制体系相适应的地方立法体系，为更好地建设生态省提供了良好的制度环境。通过各项地方性法规、政府规章和政策的出台、制定，规范可能影响生态文明建设的各种行为，协调各种利益，从而达到保护生态环境和提升生态文明建设水平的目的。不但为现有的各项工作提供了有效保障，也为生态文明建设的长远推进奠定了基础。”①

（二）规范生态执法

严格规范生态执法工作对强化生态保护、建设生态文明有着重大意义。很多地方之所以会出现环境违法行为惩治困难、地方保护主义盛行的情况，从制度上说，主要有以下几个方面的原因：一是“守法成本高，违法成本低”的现象仍然存在，对于生态环境违法行为的惩罚偏轻；二是环境保护部门在进行生态执法时面临各方面的阻力；三是“重企业义务，轻政府责任，地方环境立法中只重视对企业的管理和控制，对政府的监督和约束不足”②。因此，严格生态执法以提高威慑力，就显得尤为重要。

浙江省杭州市通过强化执法，夯实了生态文明建设试点的工作基础。“2010 年以来，在生态环境执法机制方面进行大胆创新，通过交叉执法、告知执法、即时执法、公开执法、上下联动执法、有奖举报执法、在线监测执法、邀请信访投诉联动执法等八大执法手段并举的方式，强化环保执法，推动强势执法，严厉打击违法排污行为。其中告知执法引发了社会最

---

① 宋宇晶：《浙江生态文明制度建设研究》，硕士学位论文，浙江农林大学，2015 年，第 16 页。

② 陈海嵩：《生态文明地方法治建设及浙江实践探析》，《观察与思考》2014 年第 5 期，第 55 页。

为广泛的关注，成为全国各地环保系统所关注的焦点。《中国环境报》2010 年 9 月 13 日以专版文章《创新八种执法方式》刊发了杭州的这一经验，在全国予以推广。通过创新机制，环保执法力度进一步加大，截至 2010 年 12 月 15 日，全市环境行政处罚罚没总额款六千多万，比上年增长 34%，创历史新高。通过严格执法，促进了环境信访投诉的下降和群众满意度的提高。"[①]

（三）严格生态司法

强化法律机制的刚性约束，推进浙江生态文明建设的步伐，就必须坚持进一步严格生态司法，做到违法必究，执法必严。

积极探索生态文明司法体制创新，推进环境公益诉讼。生态环境的公共属性决定了它是全民共享的，对于破坏环境的行为，全民都可以谴责。"由此可以建立生态环境的公益诉讼制度对于任何破坏和污染生态环境的行为，检察机关都有权代表受害人提起诉讼，要求侵权人赔偿损失，同时任何自然人、法人和非法人组织也可以对破坏生态环境的行为提起诉讼，这样可以更有效地保护生态利益不受侵害，为生态文明的构建提供法律保障。"[②] 2010 年 10 月，浙江省高级人民法院与宁波市海事法院联合在杭州召开新闻发布会，着重推荐宁波海事法院《关于为我省海洋经济发展试点工作提供司法保障若干意见》。它明确提出了构建突发性海上污染事故诉讼应急处理机制，并且法院依法支持有关行业主管部门提起环境公益诉讼。赋予环境保护行政主管部门或者其他行业主管部门公益诉讼原告资格，可以避免私人技术和信息的不对称，降低公众诉讼成本，更好地保护生态环境。

三　政策支持

政府不仅是生态文明建设的主体，而且还是政策的制定者，其对生态文明建设的政策创新尤为关键，并且发挥着重要的导向作用，推动着生态文明建设。

---

① 《浙江环境保护丛书》编委会：《浙江生态环境保护》，中国环境出版社 2012 年版，第 332 页。

② 熊田田：《生态文明及其构建的研究》，硕士学位论文，武汉科技大学，2010 年，第 24 页。

（一）在实践探索中创新政策

政府是生态文明建设的主体，在建设过程中统领全局，通过政策的制定来引导建设的正确方向。一些既有的旧政策显然已经不适应生态文明建设的要求，因此必须进行政策创新与实践探索。我们将择其要者而述之。

1. 率先实行区域之间的水权交易

水资源的重要性是不言而喻的，因为它是一种不可替代的战略性资源。优化水资源配置和提高水资源利用率的一项重要制度就是水权交易。在21世纪之初，浙江省就出现了水权转让协议的实例：义乌市水资源短缺，东阳市水资源丰富，两地通过多次商讨，最终签署了水权转让协议。主要内容就是义乌市一次性出资购买东阳市一水库每年5000万立方米水的永久使用权。由于是首次开展区域之间的水权交易，因此也引来了关于这个交易是好是坏的争论。最后，在有关部门和政府的协调下，成功解决了交易中的缺陷和争议，顺利实施了水权交易。“水权交易的精髓之处就在于：它通过富水地区和缺水地区之间的转让交易，实现稀缺的水资源的优化配置，同时提高水资源的利用率。”①

2. 率先实施排污权有偿使用制度

浙江是我国最早实施排污权有偿使用的省份，最开始先是在嘉兴市秀洲区进行区内企业排污权有偿使用和交易制度试点。“2007年，嘉兴市在全国首创了排污权交易制度，实现了排污权从不可交易到可以交易、从无偿使用到有偿使用的转变，其显著成果是使得排污权有偿使用和交易制度演化成为招商选资的机制，同时还建立了全国首个排污权交易平台——嘉兴市排污权储备交易中心。嘉兴的实践之后，浙江其它城市也陆续开始试点。2009年3月，环保部、财政部批准了《浙江省主要污染物排污权有偿使用和交易试点工作方案》，浙江按照该方案正式启动了全省范围内排污权有偿使用和交易试点工作。2009年3月，浙江省排污权交易中心正式挂牌。随后，省政府出台了《浙江省排污权有偿使用和交易试点工作暂行办

① 宋宇晶：《浙江生态文明制度建设研究》，硕士学位论文，浙江农林大学，2015年，第13页。

法》。”[①] “截至 2012 年，省级层面共制定政策文件 11 个，各地有 68 个，基本建立了排污权有偿使用和交易政策法规体系的框架。全省排污权有偿使用和交易金额累计突破 13 亿元，排污权质押贷款 9.6 亿元。”[②] “这些新的探索，无不体现‘生态环境是稀缺资源，稀缺资源要优化配置’的理念，而当这些理念通过制度建设深入企业、深入人心、融入生活，生态文明建设才能彰显活力。”[③]

3. 率先出台省级生态补偿机制

浙江不仅是最早进行市场化改革并且在程度上还是最高的省份，同时还是首个出台实施生态保护补偿制度的省份。2005 年，浙江省杭州市就颁布了《关于建立健全生态补偿机制的若干意见》，在全国首先创立采用政府命令的形式具体地规定了生态补偿机制方面的有关内容。2008 年，浙江省通过对钱塘江源头地区试点工作经验的全面详尽总结，对全省范围内的八大水系源头区域的 45 个市县实施了生态环保财力转移支付的政策，全国首个省内全流域的生态补偿机制正式地实施了。同一年，省政府接着出台了《浙江省生态环保财力转移支付试行办法》。2012 年，“按照‘扩面、并轨、完善’的要求，对生态环保财力转移支付的范围、考核奖罚标准、分配因素和权重设置等做了进一步修改完善，将转移支付范围扩大到了全省所有市县”[④]。不论是对绿色清洁水源的保护，还是对生态环保公益林的建设，都体现了“保护生态环境就是保护可持续的生产力”的基本理念，实现了生态环境保护从无偿到有偿的历史性转变。浙江省通过生态环保实践经验的不断累积，正不断地在深化与完善着全省的生态补偿机制。生态补偿机制的创立为整个区域范围内的生态安全提供了强有力的保障，调动了生态保护地区范围内的广大群众进行生态环境保护的积极性，使得整个区域范围内的生态环境、社会、经济实现全面协调可持续发展。正因为这样，浙江省在生态文明建设的评价指标与体系上始终处于全国比较领先的

---

① 宋宇晶：《浙江生态文明制度建设研究》，硕士学位论文，浙江农林大学，2015 年，第 13—14 页。

② 段治文：《浙江精神与浙江发展》，浙江大学出版社 2013 年版，第 164 页。

③ 苏小明：《生态文明制度建设的浙江实践与创新》，《观察与思考》2014 年第 4 期，第 58 页。

④ 钱巨炎：《浙江省生态文明建设的财税实践与探索》，《财政研究》2014 年第 3 期，第 57 页。

地位。

4. 率先制定生态环境功能区规划

2008 年，浙江省的环保厅依据全省在国民经济与社会发展上的中长期规划，制定完成了全省范围内的生态环境功能区规划，这次的规划主要是依据主体功能区规划的总体要求，整合各地市县的生态环境功能区规划来制定完成的；并且还要逐步地在有关环保的法律法规当中加入了规划的有关要求，“明确生态环境功能分区的环境准入政策和污染防治要求，以此作为建设项目环境准入、严格环境监管、落实污染减排的基本依据和重要手段”①。经过几年的实践探索与发展，2013 年 8 月，浙江省率先在全国范围内发布了《浙江省主体功能区规划》，“将浙江版图划分为优化开发区域、重点开发区域、限制开发区域和禁止开发区域，明确生态红线，在空间上管制生态环境，形成硬约束”②。为了积极地响应和落实生态环境保护的规划与举措，浙江的 11 个城市分别在各自的区域内制定了生态环境功能规划，并且还把规划当作落实污染减排、严格环境监管、建设项目环境准入的主要手段和重要依据。杭州、开化、丽水、淳安等市县都依据本地的实际情况规划了不同类型的生态功能区，以此来实现生态环境的保护，实现生态环境保护与经济社会发展的双赢，实现可持续发展，并坚定不移地走“绿水青山就是金山银山”的发展道路。

5. 率先创建新型环境准入制度

2008 年，浙江省环保厅指出：单个项目的环境准入制度存在着严重的缺陷与不足，即极少或者基本上是不考虑区域环境影响的累积性和环境容量，只是依据单个项目对环境的影响来判断它是否符合环保要求。这种存在着缺陷的环境准入制度很不利于经济社会与生态环境的可持续发展。

“经过五年的大胆探索，浙江省率先在全国提出了由过去单纯的专业机构评价向公众、专家评价‘两评结合’的环境决策咨询机制转变，由过去单纯的项目环评审批向项目、总量、空间‘三位一体’的环境准入制度

① 苏小明：《生态文明制度建设的浙江实践与创新》，《观察与思考》2014 年第 4 期，第 58 页。

② 叶慧：《春风绿遍江南岸——浙江生态文明建设阔步前行》，《今日浙江》2014 年第 10 期，第 24 页。

转变，并把相关内容以政府规章的形式确定下来，写进了 2012 年出台的《浙江省建设项目环境管理办法》。新型环境准入制度有效发挥了环境保护参与宏观调控的先导功能和倒逼作用，有利于从源头上保护环境，优化经济增长。”①

（二）在转变职能中厘清政府职责

就中国国情而言，政府依然是掌握经济社会资源的主要实体，在生态文明建设中起主导作用，其主要表现在建设服务型政府，转变政府职能，厘清职能与责任，为生态文明建设提供良好的环境。近十多年来，浙江省着重加强了节能减排、生态省建设和环境污染整治的机制创新和政策创新，对完善生态补偿机制、“811”环境污染整治、发展循环经济等方面，出台了一系列政策措施。

浙江省杭州市坚持先行先试、政策体制创新，着力健全生态制度。先后出台实施了“《杭州市污染物排放许可管理条例》《杭州市强制性清洁生产实施办法》《关于推进生态型城市建设的若干意见》、‘低碳新政’60 条和‘创新型经济 30 条’等十多项政策法规。积极探索建立市域生态补偿机制，按照‘谁保护、谁受益’‘谁改善、谁得益’‘谁贡献大、谁得益多’的原则，自 2005 年以来市本级财政共向上游县（市）转移支付生态补偿资金 3.3 亿元，并在全国率先构建起省、市、县三级生态补偿体系。积极探索完善生态目标考核体系，率先开展乡镇交界断面考核，在全国创新推行公共平台排污权交易体系，交易收益用于环境质量改善、生态保护及主要污染物配额回购”②。

总的来说，浙江的经验告诉我们，政府作为经济社会的“大管家”，不仅要转变自身管理理念和厘清自身职能与责任，而且还要有敢为天下先的勇气和魄力，多出台一些有利于生态、经济、民生的创新性政策以及创新体制。与此同时，我们不仅要知道，而且还要落实到行动中，这才是政府最需要做的。只有这样，政府才会逐渐改变，建设成为服务型政府。

---

① 宋宇晶：《浙江生态文明制度建设研究》，硕士学位论文，浙江农林大学，2015 年，第 15 页。

② 浙江省人大常委会办公厅研究室：《杭州环保新篇章：建设生态型城市 打造美丽杭州》，《浙江人大》2013 年第 4 期，第 54—55 页。

四 技术支撑

科学技术是生态文明建设的动力与支撑，建设生态文明，必须要有相对应的科学技术创新体制作为保障。作为社会生产技术的中坚力量，科学技术尤其是生态技术创新是生态文明建设的核心与关键。因为“生态技术创新是指以节约资源和能源，避免、减轻或消除生态环境污染和破坏，遵循生态经济规律和生态原理，使生态负效应最小的‘无公害化’或‘少公害化’的技术创新”①。为了进一步加快生态文明建设力度，现阶段的生态文明建设离不开技术创新这个体系的支撑，生态文明建设需要并呼唤技术创新。

1. 树立新型的生态价值观

浙江省正处于经济的高速发展之中，不仅仅是规范、制度及价值观，就连生产、消费的方式也都在不断发生变化和调整，这为我们走可持续发展之路提供了最大的契机。要充分地把握好这样的契机，改变以往的“两高一低”的经济发展模式，以一种新的发展模式去发展我们的绿色创新型科技和绿色创新型产业。而促进人们传统的工业价值观念转向生态文明的技术创新价值观念，树立新型的技术创新生态价值观，就成为当前生态文明建设的题中应有之义。

2. 加强政府的科研投入

浙江省政府持续不断地加大对市场失效或低效领域中的科研财政投入，譬如战略性的研究项目、教育方面的投入和基础的研究等，为技术创新提供优越的发展环境与良好的发展基础，以实现可持续发展的生态文明建设，并促使其在生态技术创新上取得突破。

3. 加强技术创新管理

推进生态技术创新体系的转型升级是一项巨大而复杂的系统工程，为此，我们做的是：第一，改变政策对生态技术创新活动的管理模式，积极地转变政府职能；第二，强化对技术创新的领导，各级政府把生态技术创新体系建设作为可持续发展的根本措施；第三，推动技术与经济的一体

① 刘思华：《可持续发展经济》，湖北人民出版社 1997 年版，第 17 页。

化，通过财政、政策、金融与税收等手段，促进企业与高校以及科研院所等公共研究机构之间的交流合作，建立以企业为主体，科研院所深入参与、风险共担、利益共享的全方位、多层次、多领域的产学研合作机制；第四，“政府应该委托专门机构或者制定优惠政策，创造有利条件来增加生态技术创新主体与国际组织进行科研合作的机会，争取对方的经济和技术资助，鼓励更多的高校及科研院所的科技成果参与国际竞争，进入到国际市场上，促进国际交流与合作，不断加强生态技术创新的管理是当前生态文明建设的技术创新突破”①。

五　体制保证

推进生态文明建设，不仅要以一定的经济文化做基础和条件，而且还需要相应的制度作为根本保障。这是因为，人与自然的生态矛盾往往隐藏着人与人之间的社会矛盾，生态危机的实质是以人与自然为中介的人和人之间利益关系的矛盾。因此，解决社会矛盾成为解决生态矛盾的根本锁钥，这就要从制度建构上保障生态文明建设各项工作的推进。“为实现生态文明建设工作的制度化、常态化，浙江积极探索建立适应生态文明建设需要、符合经济社会发展实际的体制和机制。”② 浙江省在十多年制度建设的实践过程中，既推进了生态文明建设，也积累了许多宝贵的经验和启示。

（一）落实领导责任制

加强落实领导责任制，是做好当前生态环境保护工作的根本保证。如果没有浙江省各级党政“一把手”的高度重视、支持与推动，那么这些年来浙江省的生态省建设不可能迈出这么大的步伐，各项生态环保工作的落实与推进也不可能这么顺利。在这个方面，前后两任的省委书记与省长给我们大家作出了表率。他们不仅亲自担任生态省建设工作领导小组的组长与副组长，而且还坚持“一把手”亲自抓、负总责，每年都会亲自参与调

---

① 郑燕玲：《基于技术创新的生态文明建设研究》，硕士学位论文，江西农业大学，2012 年，第 33 页。

② 张军：《积极探索以生态文明促科学发展的新路——浙江推进生态省建设综述》，《今日浙江》2010 年第 11 期，第 15 页。

查研究，主持召开一系列会议，研究决定重大政策，部署推动重点工作，协调解决重大问题。随着生态省建设与生态环保工作的深入推进，各级党委、政府越来越重视生态环保工作，把其摆到了重要的工作日程当中，做到了“一把手”亲自抓、负总责。正是浙江省委、省政府的高度重视，全省的生态省建设、生态环保工作与节能减排的责任才得到各级领导的层层落实。至此，领导责任制的落实与目标责任的考核才真正地动了真格的，见到了实效。浙江的实践经验证明，通过落实领导责任制，加强考核，强力推动生态省建设与环保工作，是做好当前生态环保工作的关键举措。

（二）健全考核评价体制

加强政府对生态公共服务的监管和绩效评估。政府除了直接提供生态公共服务外，还要履行对生态公共服务的监管职责，通过构建科学、公平、有效的生态公共服务绩效评估体系和机制，将政府提供生态公共产品的能力与满足群众对生态公共产品需求之间的差距作为考核政府绩效的重要参数指标，并作为政府官员奖惩、提拔问责等的重要依据，不断探索形成以绿色 GDP 为主导的多元复合政绩考核评价体系。这样做，不仅有利于引导各级政府官员树立科学的生态政绩观，而且也能促进政府形成重视生态公共产品供给的体制机制，使生态公共产品内嵌于政府基本职能，使政府职能真正转移到提供生态公共产品和公共服务上来，走出经济发展与生态保护不可兼得的怪圈。浙江省把生态文明建设作为一项重要内容纳入考核体系，以促进经济社会的可持续发展。而制定出符合生态文明建设要求的考核评价体制是完整系统的生态文明制度体系的核心与关键。在今天日趋严重的生态环境危机面前，浙江省尤其注重建立严厉的责任追究制度和明确的奖惩制度。

浙江省在建立健全生态文明建设考核评价机制的进程中，每年都会组织开展生态文明建设工作的督查考核评价，通报考核评价结果，并将生态文明建设任务的完成情况与生态补偿和生态环保专项资金的安排挂钩，与各类评优创先考核评价挂钩，与各地的建设项目审批挂钩，以切实提高考核评价的约束力；逐步完善健全促进科学发展的干部考核评价机制；全省范围内，开展生态环境质量公众满意度调查，并将调查结果纳入生态文明建设考核评价当中。最典型的是浙江省杭州市创新生态考核机制：“市政府将生态建设和环境保护工作纳入市综合考评体系；用考核这根指挥棒引导各级政府重视生态环保工作；各地重大生态建设和环境保护工作全面纳入了市委、市政府对各地党委和政府的综合评价体系之中；市生态办和市考评办对接，科学设计了突出环境质量的县市差异化生态环保考核指标，纳入市政府综合考评体系，并赋予最大权重，参与政府满意不满意评比大考。”①

（三）形成共建共享行动体系

党政班子主导是中国特色社会主义的最大政治优势，也是浙江省抓好生态文明建设各项工作的重要法宝。生态环境的公共属性从根本上就决定了对其保护必须由党委和政府来主导。同时，生态环境的保护是一项巨大复杂的系统工程，“关系到每一个人的切身利益，其代表的广泛性、效益的公共性、利益的长远性，决定了它不只是政府的单方行为，不只是单个部门的事，它是全社会的共同责任”②。浙江的实践经验表明，全社会及其成员必须共同参与到生态文明建设当中，形成共建共享的全社会行动体系，因为它与经济社会发展的各个方面都息息相关。

浙江在“全省上下基本建立了‘党委领导、政府负责、部门协同、社会参与’的组织体系，‘地方政府主导、环保部门统揽、各部门齐抓共管’的管理格局，以及‘政府引导鼓励，社会团体、民间组织和公众参与监督，全社会共享’的全社会行动体系；并且在共建共享的载体设计上，着力开展绿色系列创建活动，就是把现阶段推进生态文明建设、推动公众参与环保活动的有效途径确定为绿色系列创建活动，形成了‘生态创建、环保模范城市创建、绿色细胞（绿色学校、绿色社区等）建设’等三大系列创建机制，调动了各方面积极性的同时也分解落实了生态环保的各项目标”③。

① 《浙江环境保护丛书》编委会：《浙江生态环境保护》，中国环境出版社 2012 年版，第 332 页。

② 薛睿：《论全面建成小康社会的生态文明制度构建路径》，《经济师》2013 年第 9 期，第 32 页。

③ 宋宇晶：《浙江生态文明制度建设研究》，硕士学位论文，浙江农林大学，2015 年，第 17 页。

（四）推进制度建设规范化、常态化

为生态公共产品的有效供给建立法律制度保障，即从制度层面加大立法和建章立制力度，加强供给法制保障。浙江的实践经验表明，生态文明建设要想落实到实处、强有力推进，就必须要有与之相配套的工作推进机制。浙江省的做法包括：通过制定相应的法律法规来保障私人资本和民间资本进入生态公共产品的供给的合法权益，为生态公共产品的有效供给提供充足的财力支持；通过制定相应的法律法规来使我国生态公共产品供给相关制度法律化、规范化，对跨区域生态公共产品的供给问题进行合理的引导、有序的规范和科学的管理，保障生态公共产品的供应实现均等化；通过制定公民生态权益保护法和提供生态公共产品的相关法律，使公民环境权益受到侵害或得不到满足时有法可循、可依，切实保障公民的环境权益。

浙江省在生态文明制度建设取得进展的同时，更加注重生态文明建设工作推进机制的完善。浙江省委、省政府于 2011 年 4 月印发了《“811”生态文明建设推进行动方案》，明确规定出了“十二五”期间，生态文明建设 8 个方面的主要目标、11 项的专项行动与保障措施。紧接着，省政府的生态办制定出台了完善的指导服务、组织协调、宣传教育、全民参与、考核激励、督办六大推进机制，全方位、多层次地推动生态文明制度建设的规范化。浙江的实践经验也证明，生态文明建设的推进行动方案与六大工作推进机制的全面实施，使得浙江的生态文明制度建设与环境保护更加走向规范化、制度化与常态化。

生态文明是人类社会文明发展的必然趋势，迈向生态文明，拥有天蓝、山绿、水清、地净的美好家园，已成为当前中国全面深化经济改革的重大战略部署，更是实现中国梦、中华民族伟大复兴与中国特色社会主义事业永续发展的奠基工程。在生态文明建设方面，浙江省有很多的创举，并且还走在全国前列，但是同时我们也应该看到其中存在的问题与不足。只有善于把握总结其中的经验、问题与不足，真正地把生态文明建设任务落到实处，才能不断保持生态、资源、环境的可持续发展，实现物质富裕、精神富有与现代化的美丽浙江以及中国梦的美好愿景！

浙江在经济发展上取得一个“奇迹”的同时，在生态文明建设上也取

得了另一“传奇”。随着时代步伐的快速前进和人民对高质量生活的向往，浙江省的生态文明理念也在与时俱进地更新着，在“绿色浙江”“生态浙江”“美丽浙江”理念的引领下，在浙江省委省政府的领导及各级领导干部和广大浙江人民的共同努力下，生态文明建设蓬勃地开展着，使浙江经济再一次迸发出生机与活力，转换升级着浙江省的发展模式。毋庸置疑，浙江省在生态文明建设中开创了许多先例，走在了全国的前列，有着非常丰富的实践经验，需要不断地进行总结。因此，本章主要从多元主体共治即政府、企业、社会共治的协同治理，多重领域共赢即环境、经济与社会的协调发展，多项机制保障即教育、法治、政策、技术、体制协同运作三大方面，深刻地总结浙江省生态文明建设经验，以期为全国生态文明建设提供可借鉴的经验。

参考文献

《马克思恩格斯选集》第 1 卷，人民出版社 1995 年版。

《马克思恩格斯全集》第 13 卷，人民出版社 1998 年版。

《马克思恩格斯文集》第 1—2 卷，人民出版社 2009 年版。

《列宁选集》第 2 卷，人民出版社 2012 年版。

《邓小平文选》第 1—3 卷，人民出版社 1993、1994 年版。

胡锦涛:《坚定不移沿着中国特色社会主义道路前进　为全面建成小康社会而奋斗——在中国共产党第十八次全国代表大会上的报告》，人民出版社 2012 年版。

习近平:《决胜全面建成小康社会　夺取新时代中国特色社会主义伟大胜利——在中国共产党第十九次全国代表大会上的报告》，人民出版社 2017 年版。

习近平:《干在实处，走在前列——推进浙江新发展的思考与实践》，中央文献出版社 2014 年版。

习近平:《之江新语》，浙江人民出版社 2007 年版。

习近平:《生态兴则文明兴——推进生态建设　打造“绿色浙江”》，《求是》2003 年第 13 期。

陈加元:《迈向生态文明》，浙江人民出版社 2013 年版。

段治文:《浙江精神与浙江发展》，浙江大学出版社 2013 年版。

黄国勤:《生态文明建设的实践与探索》，中国环境出版社 2009 年版。

刘思华:《可持续发展经济》，湖北人民出版社 1997 年版。

刘迎秋:《浙江经验与中国发展》，社会科学文献出版社 2007 年版。

刘迎秋：《中国梦与浙江实践：总报告卷》，社会科学文献出版社 2015 年版。

马志强、江心英：《生态文明建设——镇江实践与特色》，社会科学文献出版社 2017 年版。

潘家华：《中国梦与浙江实践：生态卷》，社会科学文献出版社 2015 年版。

沈满洪、李植斌、张迅：《浙江生态经济发展报告》，中国财政经济出版社 2015 年版。

沈满洪：《水权交易制度研究——中国的案例分析》，浙江大学出版社 2006 年版。

王春益：《生态文明与美丽中国梦》，社会科学文献出版社 2014 年版。

《浙江环境保护丛书》编委会：《浙江生态环境保护》，中国环境出版社 2012 年版。

中共中央宣传部编写：《习近平总书记系列重要讲话读本》，人民出版社 2014 年版。

中国科学院可持续发展战略研究组：《中国可持续发展战略报告——全球视野下的中国可持续发展》，科学出版社 2012 年版。

李强：《特色小镇是浙江创新发展的战略选择》，《中国经贸导刊》2016 年第 2 期。

夏宝龙：《“八八战略”为浙江现代化建设导航》，《求是》2013 年第 5 期。

张晶、刘舜青：《贵州乡村旅游资源评价模型初探》，《贵州社会科学》2007 年第 9 期。